U0052363

玩創意

自己動手作

可愛又實用的

71款生活感布小物

Contents

只剩小小一片也捨不得丟的心愛布料、
裁製洋裝後的多餘布料……
你曾想運用這樣的零碼布
試著作出各式小物嗎？
化妝包、手提包、肩背包……
本書匯集多種實用＆可愛的設計，
提供了滿滿的日常生活實用小物作品範例，
不如多作一些當成禮物，盡情享受手作的樂趣吧！

線材提供
FUJIX Ltd.

材料提供
INAZUMA／植村
http://www.inazuma.biz/
清原

布襯提供
JAPAN VILENE COMPANY, LTD.

攝影協力
AWABEES
UTUWA

包內小物

  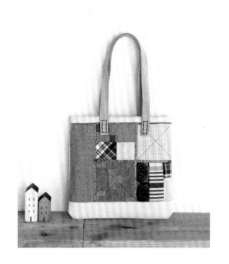

布包

餐廚小物

房間小物

裝飾品

包內小物

1

2

3

打開拉鍊！

船形迷你化妝包
本體以六片式拼接，作成船形迷你化妝包。
是正好適合放入護唇膏、鑰匙、飾品等小物的尺寸。
雖然小巧，但只要縫上拉鍊也是很實用的收納小物喔！

作法⋯P.34

製作⋯吉田みか子

4

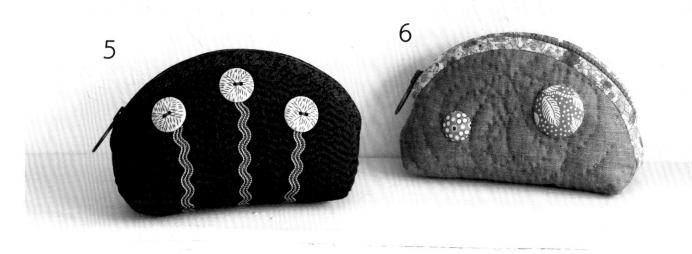

5

6

魚板形舖棉化妝包

縫入棉襯呈現出蓬軟的視覺效果，作出三款魚板形化妝包。
作品4是漂亮的粉紅色╳淡藍色碎花的活潑設計。
作品5以鈕釦＆織帶表現出花朵。
作品6則以包釦作為重點裝飾。

作法…P.38

設計・製作…庄司京子

7

8

打開口金！

彈片口金化妝包

按壓兩側就會打開的彈片口金化妝包。
將三種不同花色的布料巧妙地組合起來，
再以蕾絲進行點綴裝飾吧！

作法…P.35

製作…吉田みか子

彈片口金…INAZUMA

9

10

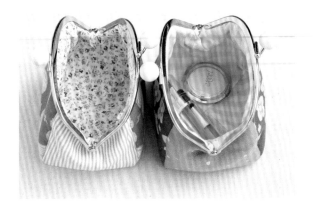

打開口金！

口金化妝包

胖鼓鼓好可愛的口金型化妝包。
由於側幅較寬，收納空間可是超乎意料的大唷！
以印花布色系進行配布組合的作法，使整體感相當協調。

作法…**P.36**

製作…西村明子

口金…INAZUMA

包內小物

11

12

扣合袋口。

摺紙風袱紗

將禮金包裝起來相當便利的袱紗。

將四方形的布料如摺紙般地疊起來後，以鈕釦固定即可。

作品11為不對稱的形狀設計，

作品12則以蕾絲布料作為表布呈現美麗的質感。

此作品不僅限於作為袱紗使用，當作手機套也OK！

作法…(11) P.41
(12) P.46

製作…太田原子

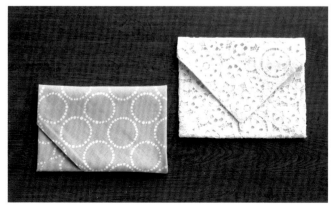

包內小物

展開內裡。

風琴卡套

打開風琴式的卡套口袋，卡片夾層就會自然展開，
收存的卡片不僅一覽無遺，取出也很方便。
即使放滿了十三張，
結帳時也無需緊張，優雅地取出卡片吧！

作法⋯P.42

製作⋯加藤容子

13

14

展開袋身。

存摺套

將上方袋口往下摺疊，以蕾絲繩圈起後打結固定，
相當討喜的存摺套。
以麻布作為主布，
拼接上格子&小碎花等零碼布，
作為袋口處的裝飾。

作法…**P.44**

設計・製作…豬俣友紀

摺角束口袋

將各式各樣的零碼布縫合在一起，
作成桶狀的摺角束口袋。
大膽地使用了英文字印刷的布料邊，
以流蘇的樣式展現俏皮時尚感。

作法…**P.45**

設計・製作…豬俣友紀

15

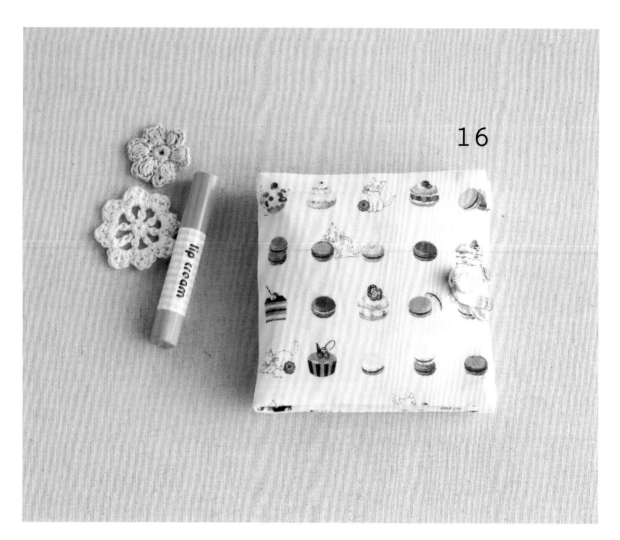

16

棉棉包

可將兩側口袋對半摺合的棉棉包。
摺合後的大小就如手帕一般,且不會太過厚重。
衛生用品也能時髦地隨身攜帶喔!

作法…P.46

設計・製作…豬俁友紀

包內小物

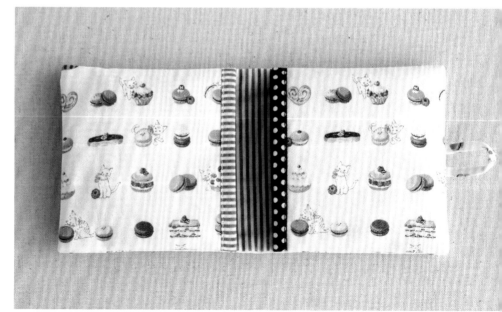

打開!

17

口袋面紙套

當作禮物也會讓人開心的口袋面紙套。
將裁剪成長方形的布料確實地完成摺疊，
上下縫合＆翻轉就完成了！
袖珍口袋相當實用。

作法…**P.47**

製作…荻原智子

打開袋蓋。

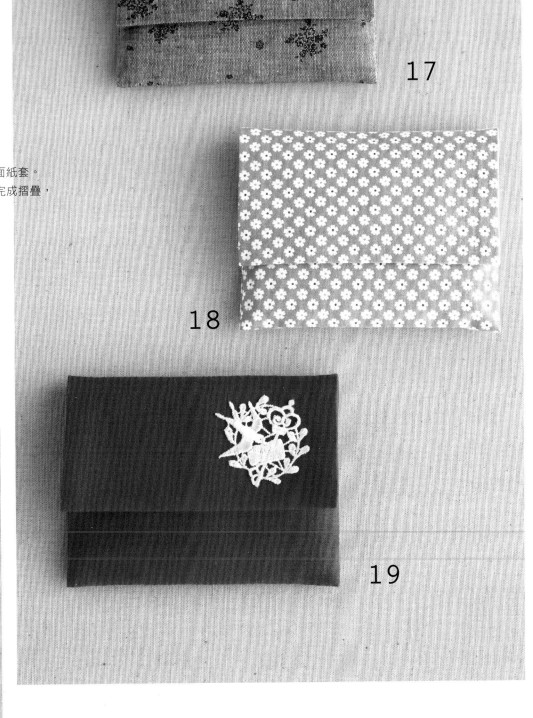

18

19

小房子鑰匙套

以少許布料即可作出
討喜的房子造型鑰匙套。
以自家為原型，替換屋頂&窗戶的顏色吧！

作法⋯**P.48**

製作⋯太田順子

MOCO 繡線⋯FUJIX Ltd.
鑰匙圈⋯INAZUMA

打開袋口。

20

21

袋中袋

手機、錢包、眼鏡、筆……
將包包中零散的小物
全部俐落收納的袋中袋。
因為附有提把，
從大包包中取出，直接使用也OK！

作法⋯**P.49**

製作⋯太田順子

22

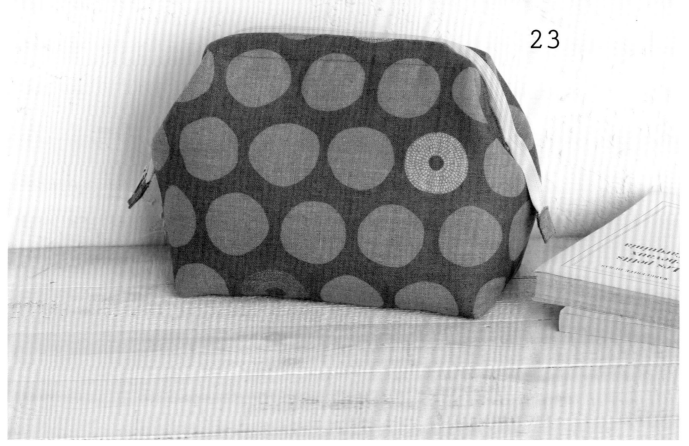

23

支架口金化妝包

只要拉開拉鍊,袋口就會大開,
拿取東西超方便!
以方形支架口金作出稍大的化妝包,
瓶身較高的化妝品也能毫不費力地收納。

作法…P.50

方形支架口金…INAZUMA

打開拉鍊。

包內小物

24

打開拉鍊。

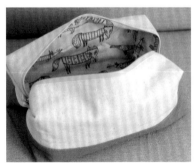

打開拉鍊。

25

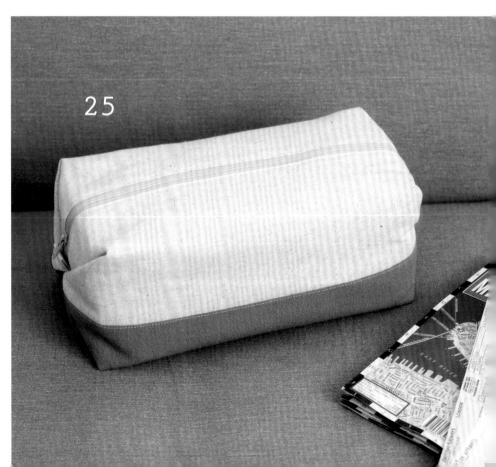

牛奶糖化妝包

收納空間充分的牛奶糖化妝包。
收納旅行時替換的內衣或鞋子都很方便！
作品24附有提把，
也可以直接當成隨身包使用。

作法⋯P.51

製作⋯吉田みか子

14

26

貼布縫化妝包

以討喜的貼布縫為視覺焦點,使用拉鍊開合的化妝包。
作品26是冬天的雪人,作品27則以夏天的鯨魚為主題。
根據季節使用不同的化妝包也是一種時尚喔!

作法···**P.52**

設計・製作···庄司京子

27

布包

28

束口包

開口鬆緊的設計相當可愛，
束口包×2，完成！
作品28是以印花布料作為外側口袋的流行款式，
作品29則運用了浪漫碎花布＆緞帶，
完成浪漫女子系的包款。

作法…(28) P.54
　　　(29) P.55

製作…加藤容子

29

布蓋托特包

橫長形的托特包
簡單外出時攜帶相當地方便。
放入長夾、手機、摺疊傘等，
大小正合適。
還有可將內容物都隱藏起來，
讓人安心的布蓋設計。

作法⋯P.56

製作⋯加藤容子

30

重疊後以壓釦固定布蓋的設計。

布包

反摺肩背包

上方反摺後，以牛角釦固定，帶有休閒風的肩背包。
加上紅色織帶或標籤作為裝飾的效果也不錯。
肩背帶可自由調整長度＆依喜好選擇適合的位置。

作法…**P.58**

設計・製作…mamekei

斜背包

經典美的葛倫格紋斜背包。
以字母徽章作為重點裝飾，
無論是搭配自然風的裙子，或運動風的褲裝，
各種風格穿搭皆合適。

作法⋯P.62

製作⋯加藤容子

肩背式背帶・D環⋯INAZUMA

字母徽章⋯清原

32

拼布包

以帶有溫暖印象的斜紋軟呢或格子布等，
各式各樣的零碼布
縫合而成的拼布包。
這是透過手作才能感覺到的溫暖設計。

作法⋯**P.60**

設計・製作⋯mamekei

33

拼布包

與作品33的設計相同，僅替換使用的布料就呈現出截然不同的氛圍。
綠色系×米色系的搭配既時尚又俐落。

作法⋯P.60

設計・製作⋯mamekei

34

36

35

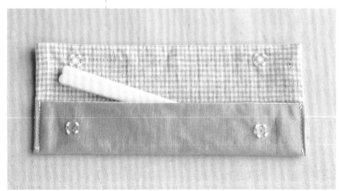

打開布蓋。

筷套 & 便當袋

令人想配套使用的筷套 & 便當袋。
引人食欲的山吹色很適合午餐時間，
便當袋上半部如紙袋般的反摺設計則清新又有型。

作法…(35) P.66
(36) P.67

製作…荻原智子

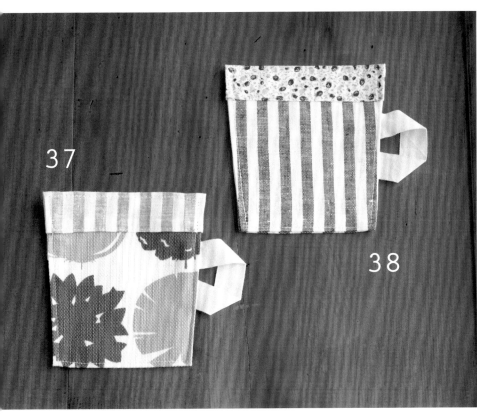

37

38

小杯子杯墊

仿照杯子形狀的可愛杯墊。
由於加上了把手設計，
也可以掛在掛鉤上喔！

作法…**P.63**

製作…奈緒

39

40

41

方形杯墊

就算縫製再多個依然令人很開心喔！
簡單的方形杯墊加上布標，
就形成了自然風的裝飾點綴。

作法…**P.64**

製作…奈緒

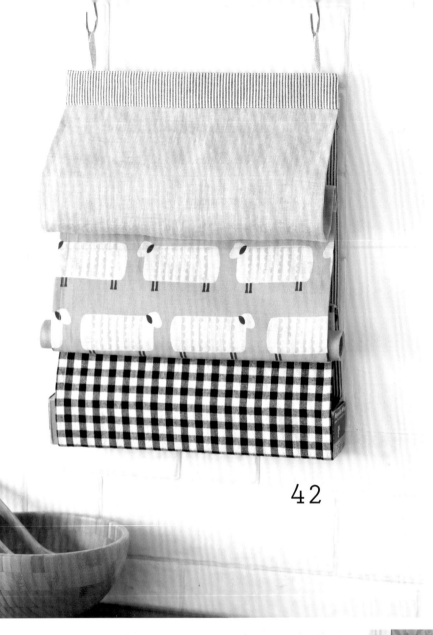

保鮮膜掛袋

素面、印花、格子布，
將各種布料組合成趣味十足的保鮮膜掛袋。
可以很快地拿取，
是廚房中的便利小物。

作法…P.64

製作…太田原子

42

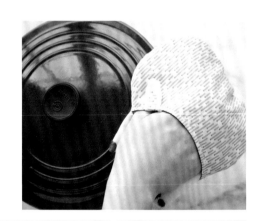

刺蝟鍋把套

刺蝟形狀的可愛鍋把套，
只要放在廚房當作擺飾就能療癒人心。
可將口袋的部分反摺，
雙面皆能使用。

作法…P.68

製作…西村明子

43

44

45

後側的樣式。

沙龍圍裙

圍繞腰間一圈，
包覆式的沙龍圍裙。
即便組合了多種的布料，
由於僅有藏青色＆米色的兩種色系，
整體搭配完全沒有違和感！

作法…P.70

製作…吉田みか子

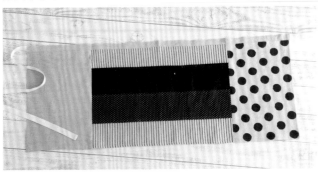

完全展開！

餐廚小物

房間小物

作法···**P.71**

蘋果針插

以六片零碼布拼接本體的蘋果針插，
再加上葉子就可愛地完成了！
作品46＆47是以不同的布料組合而成，
作品48則以同一種格子布進行縫製。

設計‧製作···奧山千晴（TOLBIAC）

47

48

46

針線包

配置了各種口袋的針線包，
方便備齊滿滿的工具隨身攜帶。
縫線以緞帶扣接固定，
中間的不織布則可插上待針。
與蘋果針插做成套組也很有設計感呢！

作法···**P.72**

設計・製作···奧山千晴（TOLBIAC）

49

為裡的模樣。

房間小物

50

連結式壁掛收納袋

一個接一個的袋子
皆以魔鬼氈串連固定，
因此可隨性地替換袋子的順序或增加數量。
玄關、客廳、廚房……家裡任何場所皆可放置，
是相當便利的壁掛收納袋。

作法…**P.74**

製作…太田原子

51   52

收納箱

以素色×印花的布料組合
完成了好可愛的收納箱。
將上緣袋口反摺下來使用也ok，
自由地依箱中放置的物品調整高度吧！

作法…**P.75**

製作…田丸かおり

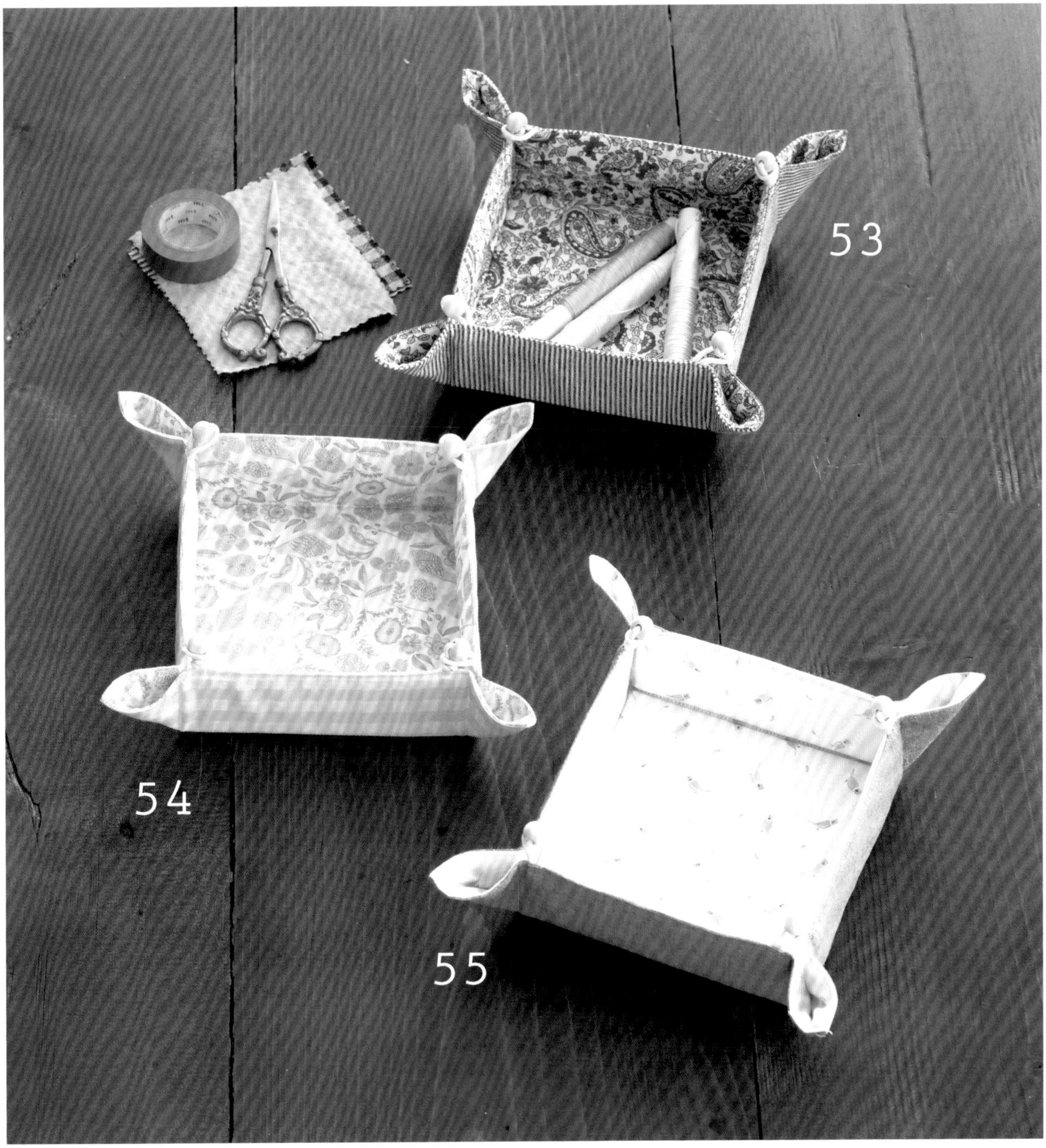

托盤

整理小飾品、手錶、縫紉用材料……
都非常好用的托盤。
將鈕釦解開就能攤平，
旅行時隨身攜帶也非常方便。

作法…P.76

製作…太田原子

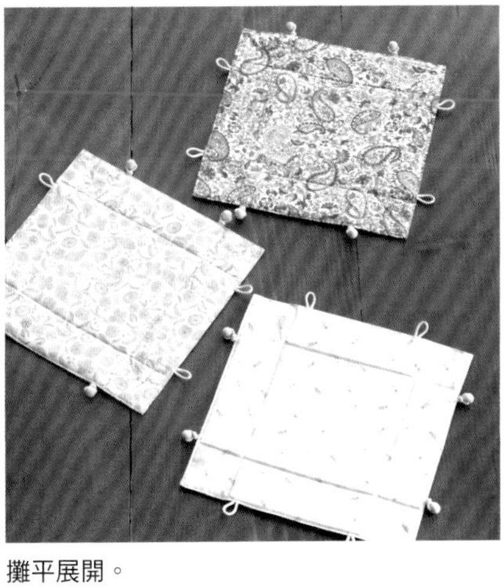

攤平展開。

裝飾品

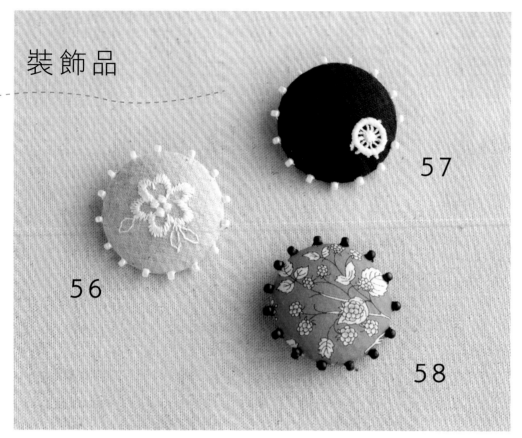

56
57
58

包釦胸針

以串珠裝飾外圍的包釦胸針。
作品56以花朵刺繡為主題,
作品57則以蕾絲作為重點裝飾。
裝飾在髮圈上也是很棒的點子喔!

作法…P.77

設計‧製作…西村明子

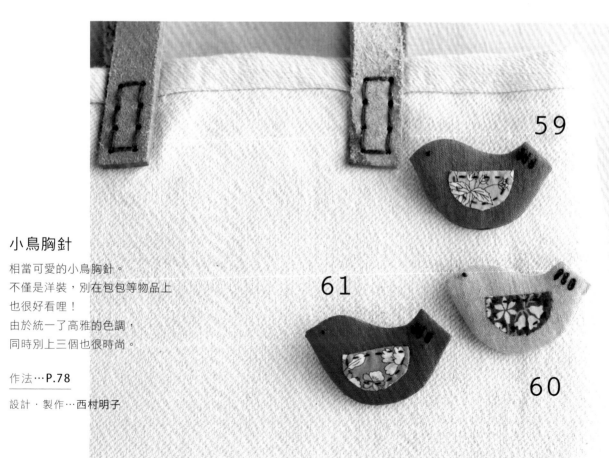

59
61
60

小鳥胸針

相當可愛的小鳥胸針。
不僅是洋裝,別在包包等物品上
也很好看哩!
由於統一了高雅的色調,
同時別上三個也很時尚。

作法…P.78

設計‧製作…西村明子

62

63

繡球花胸針

將未剪裁的小正方形布片，
以串珠固定於網片上，
輕鬆就能完成的胸針，
呈現出如繡球花般細膩的設計。

作法…**P.79**

設計・製作…西村明子

金合歡胸針

蓬蓬的造型令人想起金合歡花圈，
是相當討喜的胸針。
保持相同設計，但改以藍色系縫製，
就能享受煥然一新的手作樂趣。

作法…**P.79**

設計・製作…西村明子

64

65

66

67

68

蓬蓬小花胸針

將yoyo拼布填入棉花表現蓬鬆感，
作出立體花朵的胸針。
八等分的花瓣是藉由收拉縫線進行塑型，
中央則縫上小珠子作為點綴。

作法⋯P.80

製作⋯石鄉美也子

69

70

71

幸運草胸針

葉片的作法
與作品66至68相同。
以yoyo拼布為基礎，
再以布纏繞金屬線作為葉莖，
幸運草就完成了！

作法⋯P.80

製作⋯石鄉美也子
MOCO繡線⋯FUJIX Ltd.

開始製作之前

製圖記號

完成線	指引線	摺雙裁剪記號
——————	—————	— — — —
布紋線	鈕釦・磁釦	山摺線
←————→	◯	– – – – –

※布紋線…箭頭表示布料的直向。

本書的裁布圖、原寸紙型皆不含縫份。請依作法頁標示，外加縫份後再裁剪布料。

車縫方式的重點

始縫＆止縫處皆需回針縫。回針意指在同一段縫線上重複來回車縫2至3次。

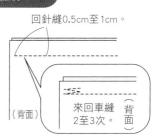

回針縫0.5cm至1cm。

來回車縫2至3次。

（背面）

（背面）

布襯的燙貼方式

將布襯的上膠面（附有樹脂膠的一面，以手觸摸會有粗糙感＆在光線下不會反光）與布料的背面相對＆燙貼在一起。

蒸氣熨斗請以按壓的方式熨燙。蒸氣熨斗的溫度調至約140℃（中溫），並務必在布襯上覆蓋助燙布。

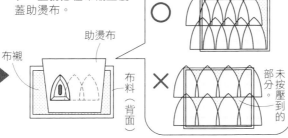

不要將熨斗以滑行的方式熨燙，請以按壓的方式，每次重疊一半＆不留間隙地移動熨燙。

未按壓到的部分。

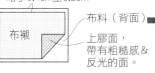

與部件相同尺寸，或裁剪至略小0.1cm至0.2cm。

布襯

布料（背面）

上膠面，帶有粗糙感＆反光的面。

助燙布

布襯

布料（背面）

棉襯的燙貼方式

基本與布襯相同，將上膠面（附有樹脂膠的一面，以手觸摸會有粗糙感＆在光線下會反光）朝上，上方以布料的背面覆蓋後燙貼。使用熨斗時，請別過度按壓，以免破壞棉襯。

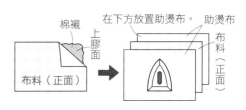

棉襯

上膠面

布料（正面）

在下方放置助燙布。

助燙布

布料（正面）

基本的手縫方式

細針縫（更細緻的平針縫）

0.2cm
0.2cm

平針縫
0.3〜0・4cm
0.3〜0・4cm

回針縫
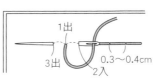
1出
3出
0.3〜0.4cm
2入

立針縫
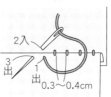
2入
3出
1出
0.3〜0.4cm

對針縫
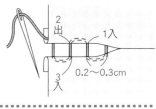
2出
1入
3入
0.2〜0.3cm

刺繡的方式

直針繡

2入
3出
1出

平針繡

2入
1出
3出

回針繡
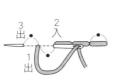
3出
2入
1入

緞面繡

1出
3出
2入

長短針繡

1出
3出
2入

掌握緞面繡的要領，以長短針的方式重複交替。

法式結粒繡
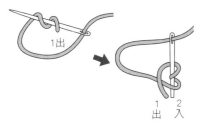
1出
1出
2入

鎖鏈繡
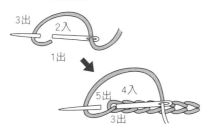
3出
2入
1出
5出
4入
3出

十字繡

1出
5出
4入
8入
2入
7出
3出
3出
6入

毛邊繡

1出
3出
2入

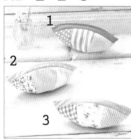

1材料
A布（格子棉布）…10cm寬10cm
B布（條紋棉布）…10cm寬10cm
C布（點點棉布）…25cm寬15cm
D布（素色棉布）…25cm寬25cm

2材料
A布（印花棉布）…10cm寬10cm
B布（素色棉布）…10cm寬10cm
C布（印花棉布）…25cm寬15cm
D布（點點棉布）…25cm寬25cm

3材料
A布（條紋棉布）…10cm寬10cm
B布（印花棉布）…10cm寬10cm
C布（格子棉布）…25cm寬15cm
D布（素色棉布）…25cm寬25cm

共用材料（1件）
棉襯（極薄）…25cm寬30cm
拉鍊（20cm）…1條

作法

1 縫製口布。

製圖

口布

D布需外加 0.5cm 縫份，
棉襯則直接裁剪。

2.5

（D布・棉襯 各1片）

27

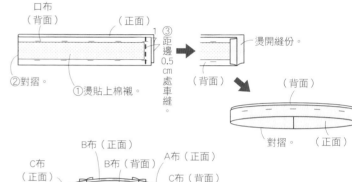

口布
（背面）　（正面）

②對摺
①燙貼上棉襯。

③距邊0.5cm處車縫。

燙開縫份。
（背面）

（背面）
對摺。　（正面）

2 縫合A・B・C布，製作表袋布。

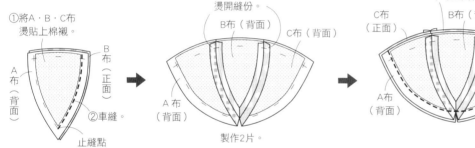

①將A・B・C布
燙貼上棉襯。

A布（背面）
B布（正面）
②車縫。
止縫點

燙開縫份。
B布（背面）
C布（背面）
A布（背面）
製作2片。

B布（正面）
C布（正面）
B布（背面）
C布（背面）
A布（正面）
A布（背面）
兩片相對車縫固定。

※裡袋布依相同作法，
以C布進行縫製。

原寸紙型

棉襯除了於袋口側外加0.5cm縫份之外，
其他皆依紙型直接裁剪。

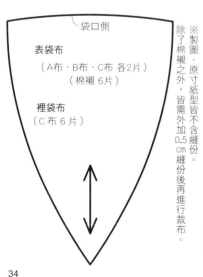

袋口側

表袋布
（A布・B布・C布 各2片）
（棉襯 6片）

裡袋布
（C布 6片）

※製圖・原寸紙型皆不含縫份。
除了棉襯之外，原寸紙型皆需外加0.5cm縫份後再進行裁布。

3 縫合表袋布＆口布。

表袋布（背面）
距邊0.5cm處車縫
對齊邊緣。
（正面）口布
C布（正面）
B布（正面）
A布（正面）

4 縫合拉鍊。

對齊邊緣。　距邊0.5cm處車縫。　止縫點

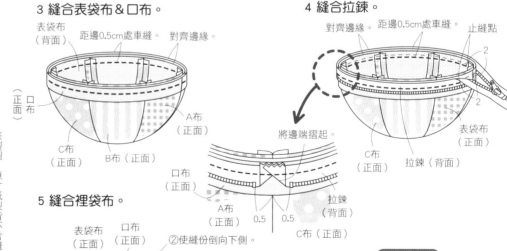

將邊端摺起。

口布（正面）
A布（正面）
0.5　0.5

C布（正面）
拉鍊（背面）

C布（正面）
拉鍊（背面）
表袋布（正面）

5 縫合裡袋布。

表袋布（正面）
口布（正面）
②使縫份倒向下側。
拉鍊（背面）
將多餘的部分塞入內裡。

⑤立針縫
③覆蓋上裡袋布。
裡袋布（正面）
①將表袋布翻至背面。
④內摺縫份。

完成！

約7.5

約15.5

翻回正面。

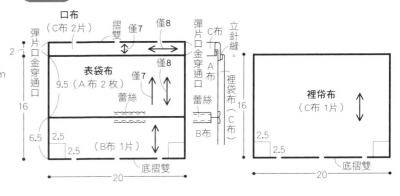

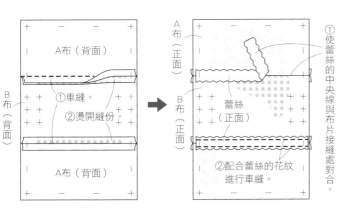

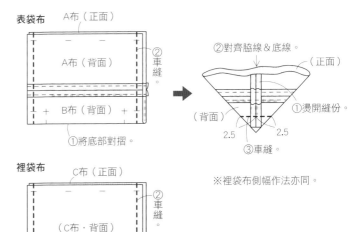

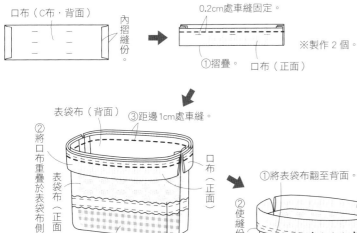

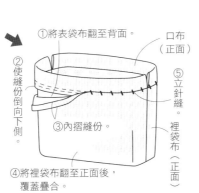

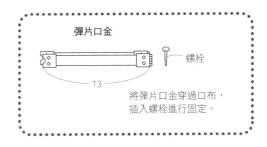

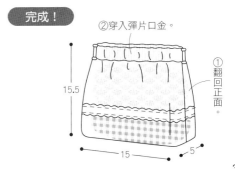

P.4 **7·8**

7

8

7材料
A布（印花棉布）…25cm寬15cm
B布（格子棉布）…25cm寬25cm
C布（條紋棉布）…45cm寬35cm

8材料
A布（印花棉麻布）…25cm寬15cm
B布（點點棉布）…25cm寬25cm
C布（條紋棉布）…35cm寬35cm

共用材料（1件）
飾邊蕾絲（寬1.6cm）…45cm
彈片口金（長13cm 寬1.5cm）
INAZUMA／BK-1521）…1個

製圖

※製圖不含縫份，
　請外加 1cm 縫份後再進行裁布。

口布
（C布 2片）　摺雙　僅7　僅8

彈片口金穿通口
2

表袋布
9.5（A布 2枚）
僅7　僅8

蕾絲

16

僅7
蕾絲

彈片口金穿通口

C布
立針縫
A布
裡袋布（C布）
B布

6.5　2.5
2.5　（B布 1片）
底摺雙
20

裡袋布
（C布 1片）

16

2.5
2.5
底摺雙
20

作法

1 縫合A布·B布，製作表袋布。

A布（背面）
①車縫。
B布（背面）
②燙開縫份
A布（背面）

①使蕾絲的中央線與布片接縫處對合。

A布（正面）
蕾絲（正面）
B布（正面）
②配合蕾絲的花紋進行車縫。

2 車縫脇線&側幅。

表袋布
A布（正面）
A布（背面）
②車縫。
B布（背面）
①將底部對摺。

②對齊脇線&底線。
（正面）
①燙開縫份。
2.5　2.5
③車縫。

裡袋布
C布（正面）
②車縫。
（C布·背面）
①將底部對摺。

※裡袋布側幅作法亦同。

2 縫合口布。

口布（C布·背面）
內摺縫份。

②於縫份距記號上方0.2cm處車縫固定。
①摺疊。　口布（正面）
※製作 2 個。

表袋布（背面）
③距邊1cm處車縫。
口布（正面）
②將口布重疊於表袋布側。
表袋布（正面）
①將表袋布翻回正面。

①將表袋布翻至背面。
②使縫份倒向下側。
③內摺縫份。
④將裡袋布翻至正面後，覆蓋疊合。
口布（正面）
⑤立針縫。
裡袋布（正面）

彈片口金

螺栓
13
將彈片口金穿過口布，插入螺栓進行固定。

完成！

②穿入彈片口金。
15.5
①翻回正面。
15　5

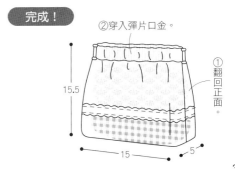

9 10

9材料
A布（牛津印花布）…25cm寬20cm
B布（點點亞麻布）…25cm寬20cm
C布（格子棉布）…25cm寬35cm

10材料
A布（牛津印花布）…25cm寬20cm
B布（條紋棉布）…25cm寬20cm
C布（印花棉布）…25cm寬35cm

共用材料（1件）
彩珠口金（約寬12cm×高8.5cm／INAZUMA／BK-1275S #0象牙色）…1個
棉襯（極薄）…25cm寬35cm
白膠

作法

1 縫合本體＆側幅，製作袋布。

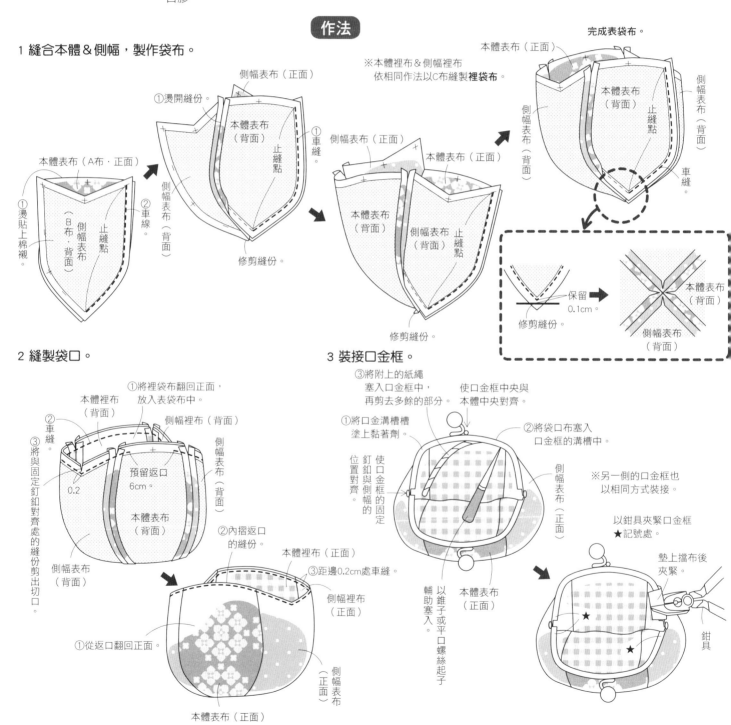

①燙開縫份。
側幅表布（正面）
本體表布（背面）
止縫點
①重縫。
②車線。
本體表布（A布·正面）
①燙貼上棉襯。
本體表布（B布·背面）
側幅表布
止縫點

※本體裡布＆側幅裡布依相同作法以C布縫製裡袋布。

側幅表布（正面）
本體表布（正面）
本體表布（背面）
側幅表布（背面）
止縫點
修剪縫份。
修剪縫份。

完成表袋布。
本體表布（正面）
本體表布（正面）
側幅表布（背面）
側幅表布（背面）
止縫點
車縫。

保留0.1cm
修剪縫份。
本體表布（背面）
側幅表布（背面）

2 縫製袋口。

本體裡布（背面）
②車縫。
③將與固定釘釦對齊處的縫份剪出切口。
①將裡袋布翻回正面，放入表袋布中。
側幅裡布（背面）
側幅表布（背面）
預留返口6cm
本體表布（背面）
②內摺返口的縫份。
側幅表布（背面）

①從返口翻回正面。
本體裡布（正面）
③距邊0.2cm處車縫。
側幅裡布（正面）
本體表布（正面）
側幅表布（正面）

3 裝接口金框。

③將附上的紙繩塞入口金框中，再剪去多餘的部分。
使口金框中央與本體中央對齊。
①將口金溝槽槽塗上黏著劑。
使口金框的固定釘釦與側幅的固定位置對齊。
②將袋口布塞入口金框的溝槽中。
側幅表布（正面）
※另一側的口金框也以相同方式裝接。
以鉗具夾緊口金框★記號處。
以錐子或平口螺絲起子輔助塞入。
本體表布（正面）
墊上擋布後夾緊。
鉗具

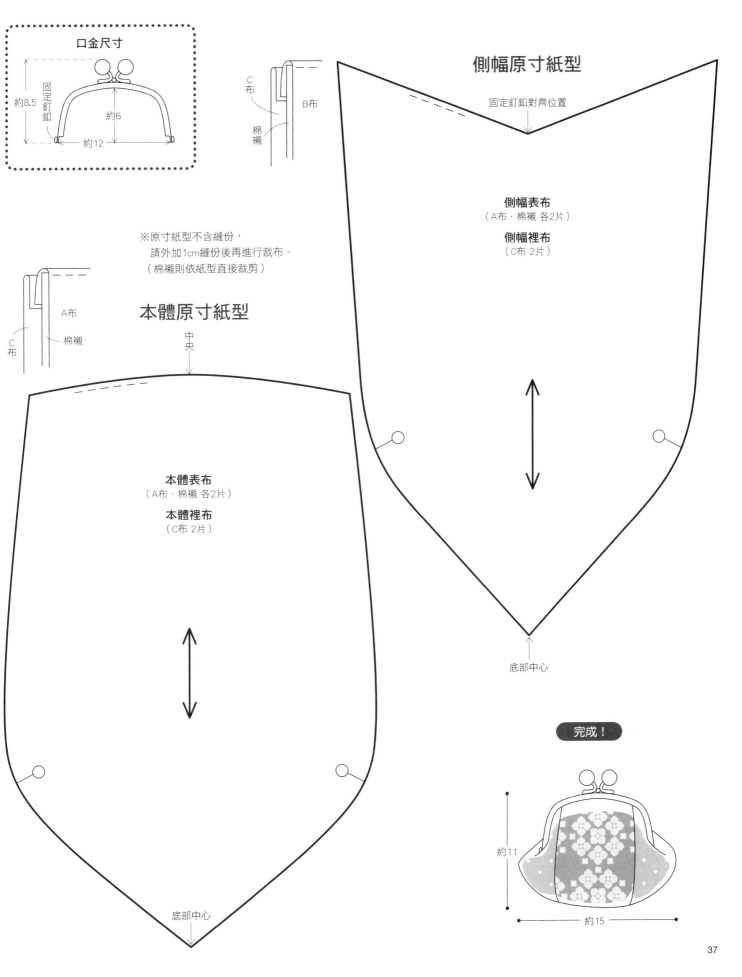

口金尺寸

約8.5

固定釘釦

約6

約12

C布
棉襯
B布

※原寸紙型不含縫份，
　請外加1cm縫份後再進行裁布。
　（棉襯則依紙型直接裁剪）

A布
棉襯
C布

本體原寸紙型

中央

本體表布
（A布·棉襯 各2片）

本體裡布
（C布 2片）

底部中心

側幅原寸紙型

固定釘釦對齊位置

側幅表布
（A布·棉襯 各2片）

側幅裡布
（C布 2片）

底部中心

完成！

約11

約15

4材料
表布（印花棉布）…20cm寬25cm
配布（印花棉布）…50cm寬50cm
裡布（印花棉布）…20cm寬25cm
棉線

5材料
表布（波紋加工棉布）…20cm寬25cm
配布（印花棉布）…50cm寬50cm
裡布（印花棉布）…20cm寬25cm
鈕釦（直徑2cm）…6個
水兵帶（寬0.5cm）…45cm

6材料
表布（素色棉布）…20cm寬25cm
配布（印花棉布）…50cm寬50cm
貼布繡布A・B（印花棉布）…各10cm寬10cm
貼布繡布C・D（印花棉布）…各5cm寬5cm
包釦（直徑3cm・直徑1.8cm）…各2個
手縫線

共通材料（1件）
棉襯…20cm寬25cm
拉鍊（20cm）…1條

※袋布原寸紙型參閱P.40。

作法

1 製作包邊布。

製圖

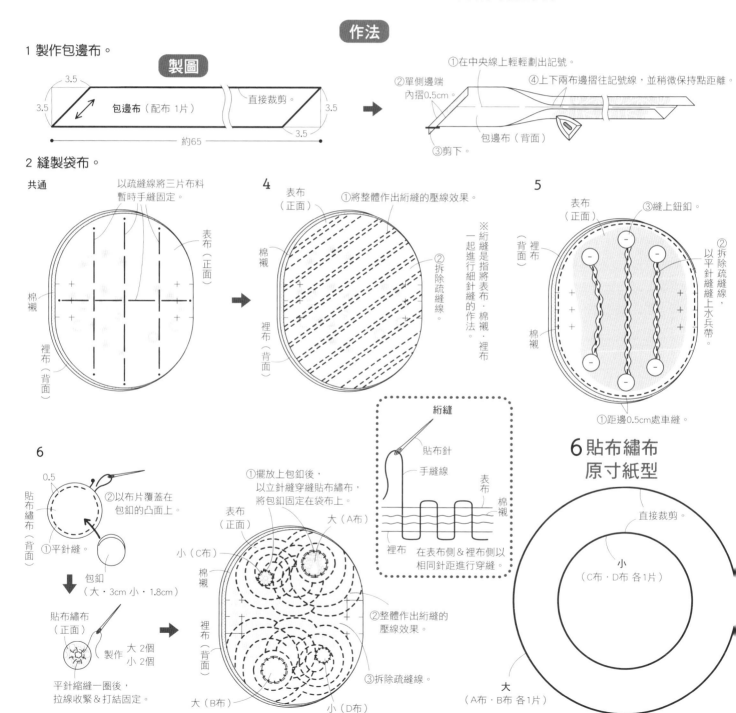

2 縫製袋布。

**6貼布繡布
原寸紙型**

3 進行包邊。

包邊布（背面）
袋布（正面）
底部
①重疊0.5cm。
②剪去多餘的部分。
對齊邊緣。
③沿著摺線車縫。

①摺疊＆覆蓋上包邊布。
③立針縫。
袋布（背面）
包邊布（正面）
②立針縫。
包邊布（正面）
※另一側的拉鍊作法亦同。

4 縫合脇線＆側幅。

袋布（背面）
開口止縫點
開口止縫點
①將底部對摺。
②對合後以立針縫縫合。

①對齊脇線＆底線。
袋布（背面）
2   2
②車縫。

5 縫合拉鍊。

將拉鍊齒與包邊布的邊緣對齊。
①以半回針縫縫上拉鍊。
拉鍊（背面）
0.5
半回針縫。
開口止縫點
0.5
0.5
開口止縫點
袋布（背面）
②以千鳥縫固定拉鍊邊。

千鳥縫
1出
0.6
3出   2入

完成！

8.5
13   4

半回針縫
＜剖面圖＞
回到前一針目的一半處。

6 原寸紙型

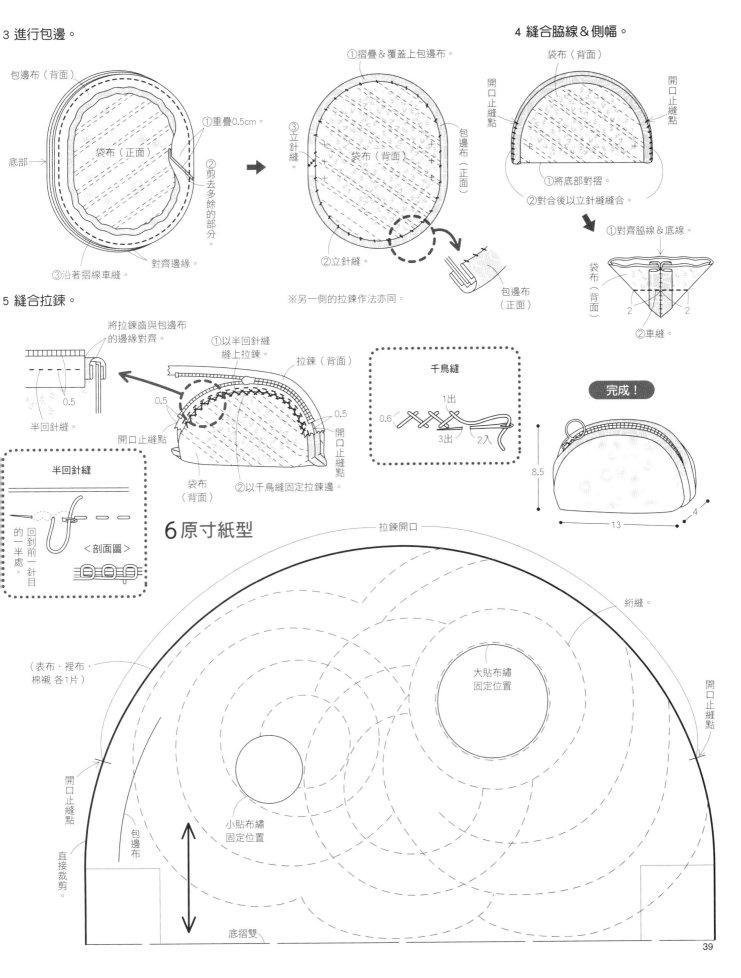

拉鍊開口
（表布・裡布・棉襯 各1片）
紉縫。
開口止縫點
大貼布繡固定位置
小貼布繡固定位置
開口止縫點
包邊布
直接裁剪。
底摺雙

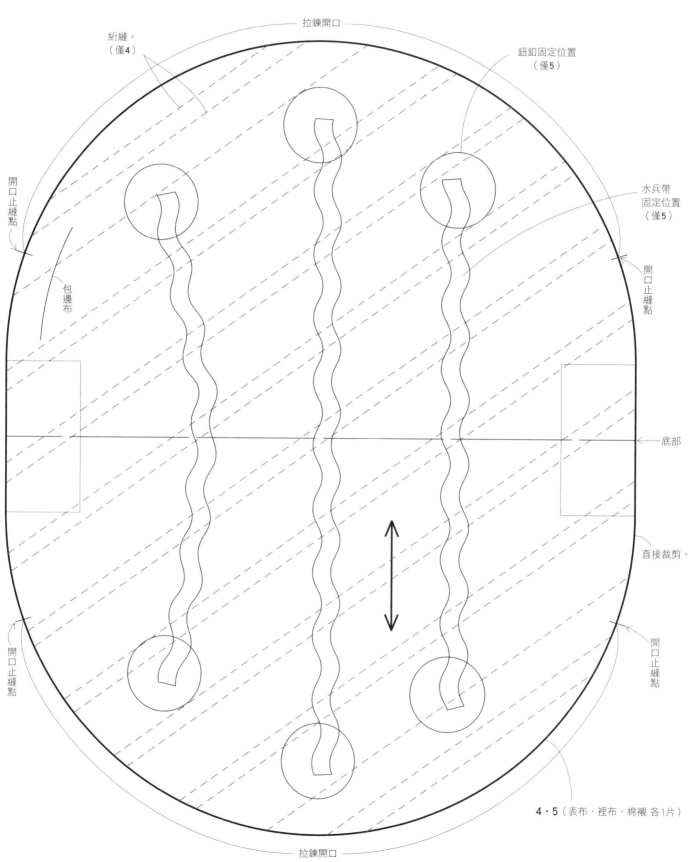

拉鍊開口

紆縫。
（僅4）

鈕釦固定位置
（僅5）

開口止縫點

水兵帶
固定位置
（僅5）

包邊布

開口止縫點

底部

直接裁剪。

開口止縫點

開口止縫點

4·5（表布·裡布·棉襯 各1片）

拉鍊開口

材料

表布（印花棉布）…40cm寬35cm

配布（素色亞麻布）…40cm寬35cm

鈕釦（直徑1cm）…1個

彈性繩（粗0.15cm）…5cm

製圖

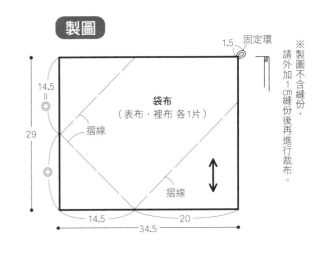

1.5
固定環

14.5
==

29

袋布
（表布・裡布 各1片）

摺線

14.5   20
34.5

摺線

※製圖不含縫份，請外加1cm縫份後再進行裁布。

作法

1 縫製裡布。

2 縫製表布。

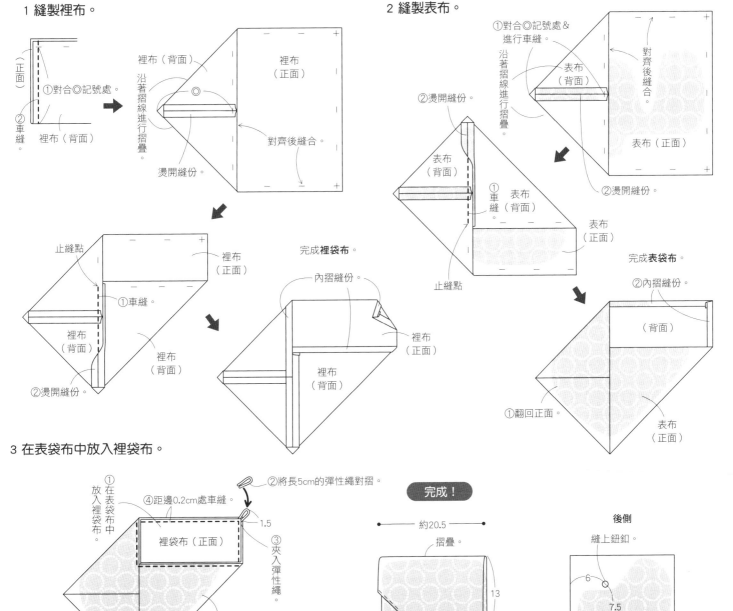

①對合◎記號處。
②車縫。
（正面）
裡布（背面）

→

裡布（背面）
沿著摺線進行摺疊。
燙開縫份。
◎
對齊後縫合。
裡布（正面）

①對合◎記號處＆進行車縫。
沿著摺線進行摺疊。
②燙開縫份。
表布（背面）
表布（背面）
①車縫。
表布（背面）
止縫點
對齊後縫合。
表布（正面）
②燙開縫份。
表布（正面）

止縫點
①車縫。
裡布（正面）
裡布（背面）
②燙開縫份。
裡布（正面）
裡布（背面）

完成**裡袋布**。
內摺縫份。
裡布（正面）
裡布（背面）

完成**表袋布**。
②內摺縫份。
（背面）
①翻回正面。
表布（正面）

3 在表袋布中放入裡袋布。

①放入在表袋布中裡袋布。
④距邊0.2cm處車縫。
②將長5cm的彈性繩對摺。
裡袋布（正面）
1.5
③夾入彈性繩。
表袋布（正面）

完成！

約20.5
摺疊。
13

後側
縫上鈕釦。
6
7.5

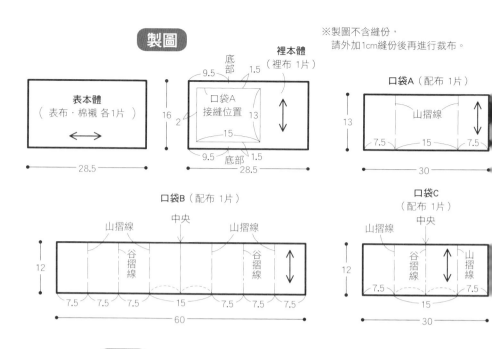

製圖

※製圖不含縫份，
請外加1cm縫份後再進行裁布。

表本體
（表布・棉襯 各1片）

裡本體
（裡布 1片）

底部

口袋A
接縫位置

口袋A（配布 1片）

山摺線

口袋B（配布 1片）

中央　山摺線　谷摺線

口袋C
（配布 1片）

中央　山摺線　谷摺線

作法

1 縫製口袋A，並接縫於裡本體。

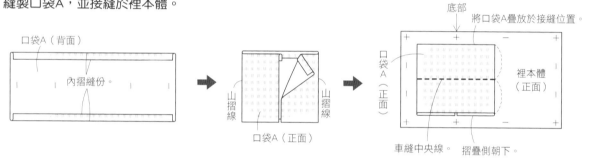

口袋A（背面）

內摺縫份。

山摺線　口袋A（正面）　山摺線

底部

將口袋A疊放於接縫位置。

口袋A（正面）　裡本體（正面）

車縫中央線。　摺疊側朝下。

2 縫製口袋B。

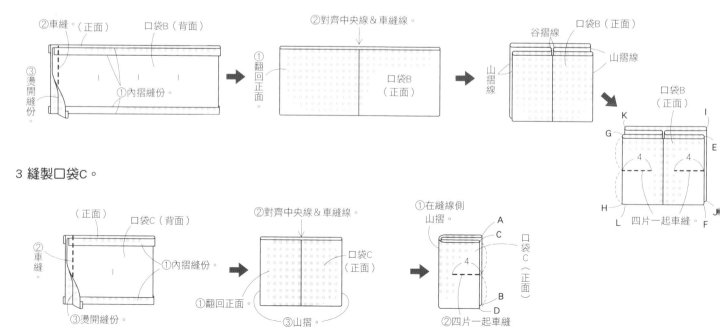

②車縫。（正面）　口袋B（背面）

③燙開縫份。

①內摺縫份。

①翻回正面。

②對齊中央線&車縫線。

口袋B（正面）

谷摺線　口袋B（正面）

山摺線　山摺線

口袋B（正面）

四片一起車縫

3 縫製口袋C。

（正面）　口袋C（背面）

②車縫。

①內摺縫份。

③燙開縫份。

②對齊中央線&車縫線。

①翻回正面。

③山摺。

口袋C（正面）

①在縫線側山摺。

口袋C（正面）

②四片一起車縫

材料

表布（牛津印花布）…20cm寬35cm
配布（格子棉布）…65cm寬30cm
裡布（素色棉布）…35cm寬20cm
棉襯（極薄）…20cm寬35cm

4 重疊口袋B・C，對齊後縫合。

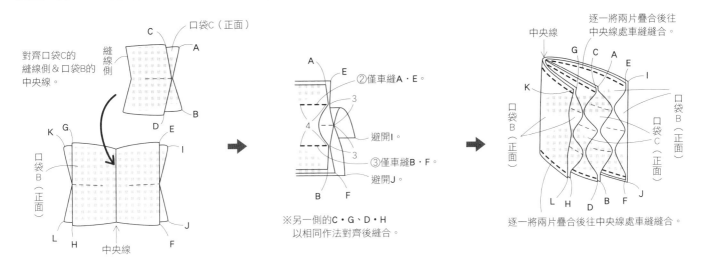

對齊口袋C的縫線側＆口袋B的中央線。

口袋C（正面）

口袋B（正面）

中央線

②僅車縫A・F。
避開I。
③僅車縫B・F。
避開J。

※另一側的C・G・D・H以相同作法對齊後縫合。

逐一將兩片疊合後往中央線處車縫縫合。

中央線

口袋B（正面）
口袋C（正面）

逐一將兩片疊合後往中央線處車縫縫合。

5 縫合口袋A・B。

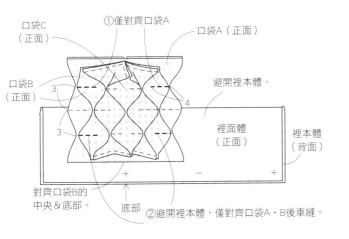

口袋C（正面）
①僅對齊口袋A
口袋A（正面）
口袋B（正面）
避開裡本體。
裡面體（正面）
裡本體（背面）
對齊口袋B的中央＆底部。
底部
②避開裡本體，僅對齊口袋A・B後車縫。

6 將口袋A接縫於裡本體上。

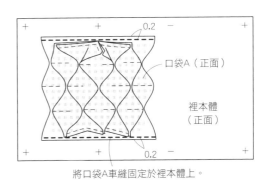

0.2
口袋A（正面）
裡本體（正面）
0.2

將口袋A車縫固定於裡本體上。

7 接縫表本體。

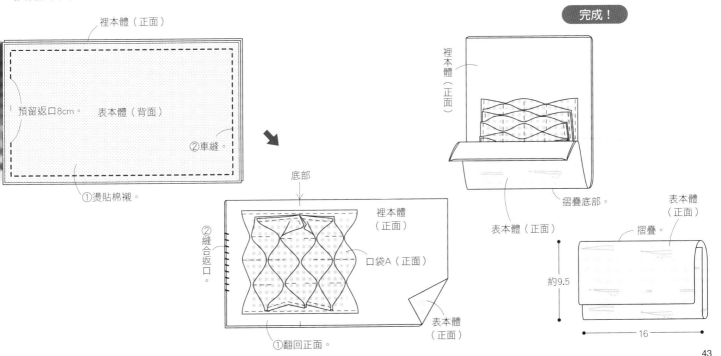

裡本體（正面）

預留返口8cm。
表本體（背面）
②車縫。
①燙貼棉襯。

底部
②縫合返口。
裡本體（正面）
口袋A（正面）
①翻回正面。
表本體（正面）

完成！

裡本體（正面）
摺疊底部。
表本體（正面）

摺疊。
表本體（正面）
約9.5
16

材料
A布（素色亞麻布）…20cm寬45cm
B布（條紋棉布）…20cm寬50cm
C布（格子棉布）…10cm寬10cm
D布（印花棉布）…10cm寬10cm
E布（印花棉布）…10cm寬10cm
F布（印花棉布）…5cm寬5cm
水溶蕾絲（寬0.9cm）…45cm
25號繡線（黑色）

製圖

拼布
（C布・D布・E布 各1片）

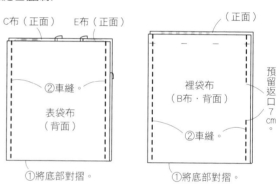

※製圖不含縫份。
　請依○內標示的縫份尺寸，外加縫份後再進行裁布。
　（布標則直接裁剪）

作法

1 接縫拼布。

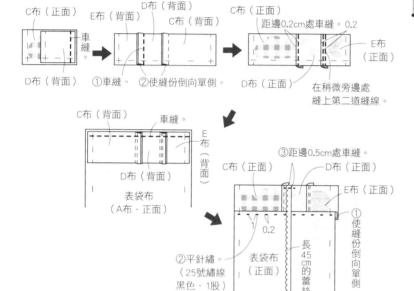

C布（正面）　E布（背面）　D布（背面）　C布（背面）
車縫。
D布（背面）
①車縫。　②使縫份倒向單側。

C布（正面）　距邊0.2cm處車縫。0.2
E布（正面）
D布（正面）
在稍微旁邊處縫上第二道縫線。

C布（背面）　車縫。
D布（背面）　E布（背面）
表袋布（A布・正面）

③距邊0.5cm處車縫。
C布（正面）　D布（正面）　E布（正面）
①使縫份倒向單側。
1　0.2
②平針繡（25號繡線黑色・1股）
表袋布（正面）
長45cm的蕾絲

2 縫合脇線。

C布（正面）　E布（正面）　（正面）
②車縫。
表袋布（背面）
②車縫。
①將底部對摺。

裡袋布（B布・背面）
預留返口7cm。
②車縫。
①將底部對摺。

3 縫製袋口＆縫合返口。

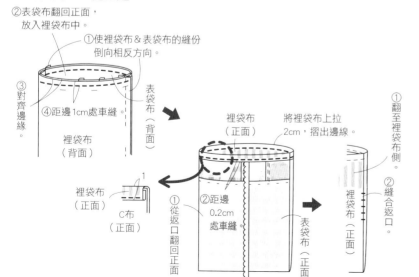

②表袋布翻回正面，放入裡袋布中。
①使裡袋布&表袋布的縫份倒向相反方向。
③對齊邊緣。
④距邊1cm處車縫。
表袋布（背面）
裡袋布（背面）

裡袋布（正面）
將裡袋布上拉2cm，摺出邊線。
①翻至裡袋布側。
②縫合返口。
裡袋布（正面）
表袋布（正面）

裡袋布（正面）
C布（正面）
①從返口翻回正面。
②距邊0.2cm處車縫。
表袋布（正面）

4 縫上布標。

F布（正面）
4.5
內摺1.5cm。
折る
縫合　夾住蕾絲。
對摺
F布（正面）

完成！

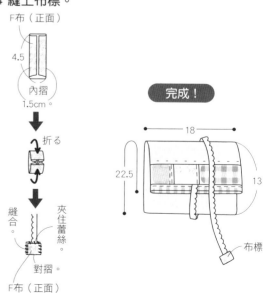

18
22.5
13
布標

材料

A布（素色亞麻布）…20cm寬15cm

B布（印花棉布）…20cm寬40cm

C布（素色棉麻布）…20cm寬15cm

D布（直紋布）…20cm寬5cm

E布（牛津印花布）…20cm寬5cm

F布（素色亞麻布）…15cm寬5cm

G布（條紋棉布）…10cm寬5cm

H布（格子棉布）…15cm寬5cm

I布（印花棉布）…10cm寬5cm

J布（點點棉布）…5cm寬5cm

鈕釦（直徑1.3cm）…1個

彈性繩（粗0.2cm）…90cm

25號繡線（白色）

製圖

拼布
（D至J布 各1片）

※製圖不含縫份。
除了以○標示的指定尺寸
之外，皆外加1cm縫份後
再進行裁布。

作法

1 接縫拼布，製作表袋布。

從小布片開始拼縫。

2 接縫裡袋布。

3 縫合脇線。

4 縫製袋口。

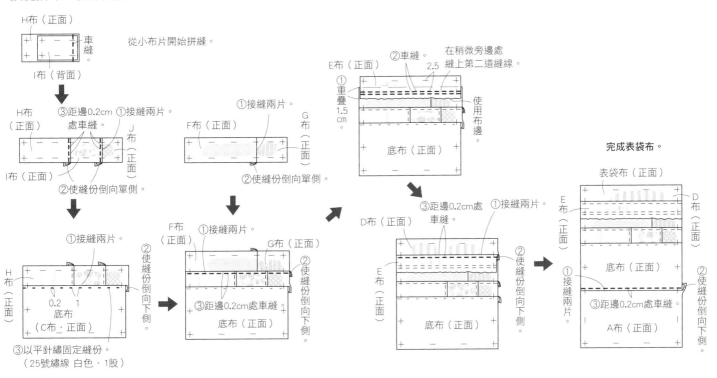

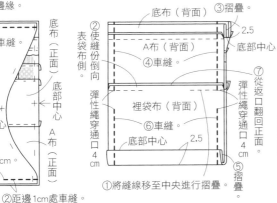

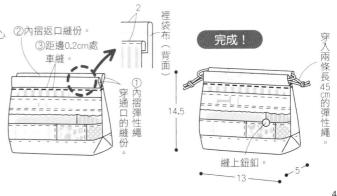

完成！

材料
A布（印花棉布）…45cm寬15cm
B布（條紋棉布）…45cm寬15cm
C布（點點棉布）…15cm寬15cm
鈕釦（直徑1.2cm）…1個

製圖

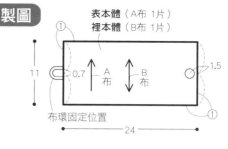

表本體（A布 1片）
裡本體（B布 1片）

11

0.7　A布　B布　1.5

布環固定位置

24

布環（A布 1片）

9　直接裁剪

2

作法

※製圖不含縫份，
請依○內標示的縫份尺寸，
外加縫份後再進行裁布。
（布環則直接裁剪）

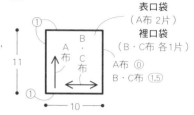

表口袋
（A布 2片）
裡口袋
（B・C布 各1片）

11

A布 ⓪
B・C布 1.5

10

1 縫製口袋。

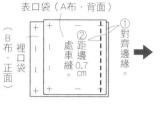

表口袋（A布・背面）
（B布・裡口袋・正面）

①對齊邊緣。
②距邊車縫0.7cm處

表口袋（正面）
①翻回正面。
②車縫距邊0.2cm處
拉出0.8cm
裡口袋（背面）

表口袋（正面）
裡口袋（C布・背面）

2 縫製布環＆接縫固定。

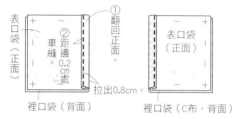

布環（正面）
①摺疊。
②車縫距邊0.2cm處
0.5

縫份固定在距邊0.5cm的車縫上。

0.7　布環　表本體（正面）

3 將口袋重疊在表本體上。

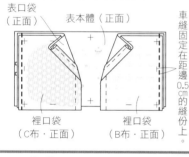

表口袋（正面）　表本體（正面）
車縫固定在距邊0.5cm的縫份上。
裡口袋（C布・正面）　裡口袋（B布・正面）

4 疊放上裡本體。

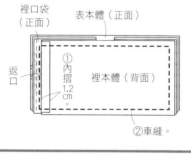

裡口袋（正面）　表本體（正面）
返口
①內摺1.2cm
裡本體（背面）
②車縫。

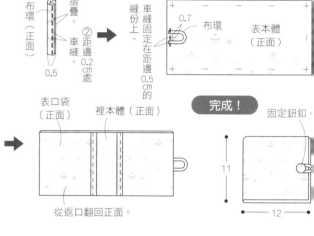

表口袋（正面）　裡本體（正面）
從返口翻回正面。

完成！

固定鈕釦
11
12

製圖

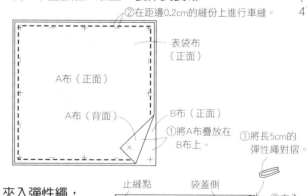

固定環（彈性繩）
1.2
袋蓋
表袋布（A・B布 各1片）
裡袋布（B布 1片）
28.5
2
摺線
16
28.5

B布
A布

※製圖不含縫份，
請外加1cm縫份後再進行裁布。

材料
A布（蕾絲）…35cm寬35cm
B布（素色棉布）…65cm寬35cm
鈕釦（直徑1cm）…1個
彈性繩（粗0.15cm）…5cm

作法

接續P.47

1 將A布疊放在B布上，製作表袋布。

②在距邊0.2cm的縫份上進行車縫。

表袋布（正面）
A布（正面）
A布（背面）
B布（正面）
①將A布疊放在B布上。

①將長5cm的彈性繩對摺。

2 夾入彈性繩，將裡袋布對合◎記號的位置疊放後進行縫合。

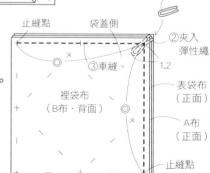

止縫點　袋蓋側
②夾入彈性繩
③車縫。
1.2
裡袋布（B布・背面）
表袋布（正面）
A布（正面）
止縫點

17材料
表布（印花棉布）…60cm寬15cm

18材料
表布（印花棉布）…60cm寬15cm

19材料
表布（素色亞麻布）…60cm寬15cm
蕾絲花片（熨燙式）…1個

製圖

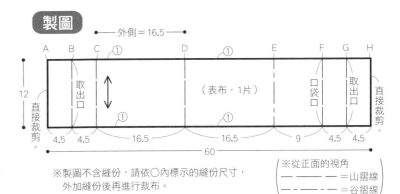

外側＝16.5

12　直接裁剪

（表布·1片）

口袋口　取出口　直接裁剪。

4.5　4.5　16.5　16.5　9　4.5　4.5

60

※製圖不含縫份，請依○內標示的縫份尺寸，
外加縫份後再進行裁布。

※從正面的視角
—— —— ——＝山摺線
— · — · —＝谷摺線

作法

1 自A線起，
如圖所示依序摺疊，
再將上下兩邊車縫固定。

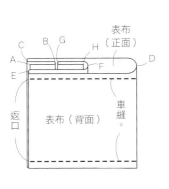

表布（正面）
表布（背面）
返口
車縫。

2 從返口翻回正面，
再將B取出口反摺。

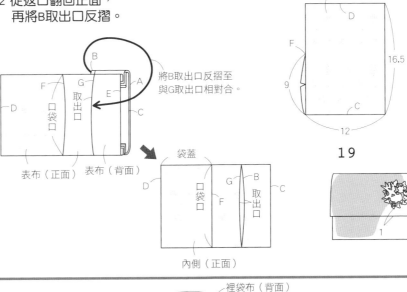

將B取出口反摺至
與G取出口相對合。

表布（正面）　表布（背面）

袋蓋
口袋口　取出口
內側（正面）

完成！

外側

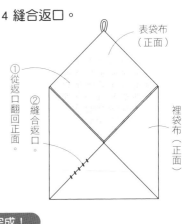

16.5

9　12

17·18

袋蓋　摺疊
7.5
9
12

19

將蕾絲花片
燙貼固定。

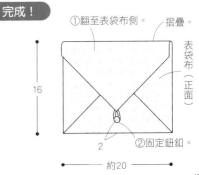

1.2
1

---

3 將表袋布·裡袋布相同記號處各自縫合。

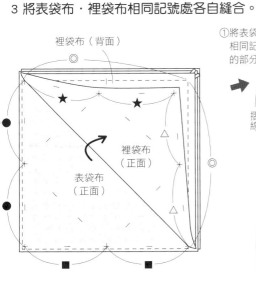

裡袋布（背面）
裡袋布（正面）
表袋布（正面）

①將表袋布
相同記號
的部分對齊。

②將裡袋布相同
記號的部分對齊。

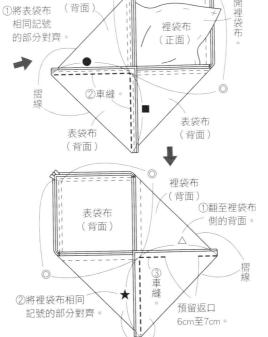

裡袋布（背面）
表袋布（背面）
裡袋布（正面）
避開裡袋布。
②車縫。
摺線
表袋布（背面）

表袋布（背面）
裡袋布（背面）
①翻至裡袋布
側的背面。
摺線
③車縫。
預留返口
6cm至7cm
裡袋布（背面）

4 縫合返口。

表袋布（正面）
①從返口翻回正面。
②縫合返口。
裡袋布（正面）

完成！

①翻至表袋布側。
摺疊。
表袋布（正面）
16
②固定鈕釦。
2
約20

20材料
A布（素色亞麻布）…10cm寬15cm
B布（素色亞麻布）…20cm寬20cm
C布（格子棉布）…5cm寬5cm

21材料
A布（條紋棉布）…10cm寬15cm
B布（素色亞麻布）…20cm寬20cm
C布（粗棉布）…5cm寬5cm

共通材料（1件）
棉襯…15cm寬10cm
圓繩（粗0.3cm）…40cm
雙圈（內徑20mm／INAZUMA／AK-63-20 S）…1個
繡線（MOCO·原色）

作法

1 分別縫製屋頂＆牆壁組件。

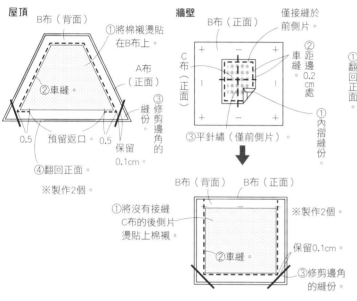

屋頂
B布（背面）
①將棉襯燙貼在B布上。
A布（正面）
②車縫。
③縫份
0.5
預留返口
0.5
保留0.1cm。
④翻回正面。
※製作2個。

牆壁
B布（正面）
僅接縫於前側片。
C布（正面）
②距邊0.2cm處車縫。
①內摺縫份
③平針繡（僅前側片）

B布（背面）　B布（正面）
①將沒有接縫C布的後側片燙貼上棉襯。
※製作2個。
②車縫
保留0.1cm。
③修剪邊角的縫份。

2 將牆壁上緣夾入屋頂中。

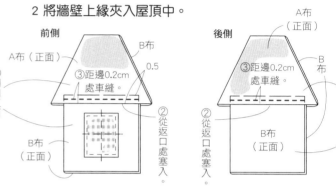

前側
A布（正面）
①翻回正面
③距邊0.2cm處車縫。
0.5
B布
②從返口處塞入。
B布（正面）

後側
A布（正面）
③距邊0.2cm處車縫。
B布
①翻回正面
②從返口處塞入。
B布（正面）

3 接縫前側＆後側。

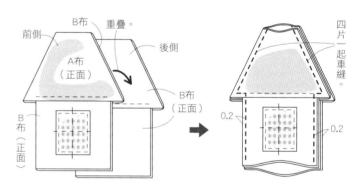

前側
B布
重疊。
後側
A布（正面）
B布（正面）
B布（正面）

四片一起車縫。
0.2　0.2

原寸紙型

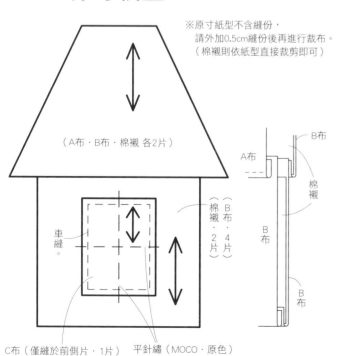

※原寸紙型不含縫份，請外加0.5cm縫份後再進行裁布。
（棉襯則依紙型直接裁剪即可）

（A布·B布·棉襯 各2片）

車縫。
（棉襯·2片）（B布·4片）

C布（僅縫於前側片·1片）　平針繡（MOCO·原色）

A布
棉襯
B布
B布

4 將雙圈固定在圓繩上，從中間穿過。

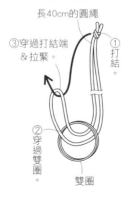

長40cm的圓繩
①打結。
③穿過打結端＆拉緊。
②穿過雙圈。
雙圈

完成！

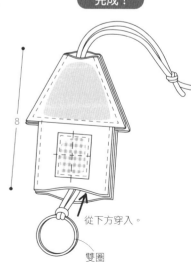

8
從下方穿入。
雙圈

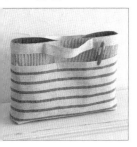

材料

表布（條紋棉布）…30cm寬40cm

配布（亞麻橫紋布）…30cm寬35cm

裡布（粗棉布）…50cm寬40cm

布襯…30cm寬40cm

織帶（寬2cm）…65cm

磁釦（直徑1.4cm）…1組

製圖

※製圖不含縫份，除了以○標示的指定尺寸之外，皆外加1cm縫份後再進行裁布。

提把（織帶 1條）

2

62（2cm已包含縫份）

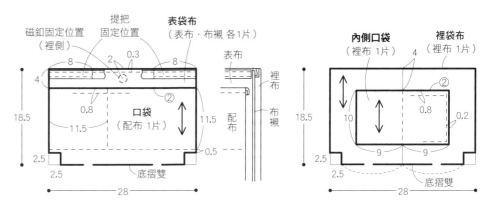

磁釦固定位置（裡側）　提把固定位置　表袋布（表布·布襯 各1片）

8　2　0.3　8

4　表布　裡布

18.5　0.8　口袋（配布 1片）　11.5　配布　布襯

11.5

2.5　0.5

2.5　底摺雙

28

內側口袋（裡布 1片）　裡袋布（裡布 1片）

4

②

10　0.8　0.2

18.5

9　9

2.5　底摺雙

2.5

28

作法

1 縫製＆接縫內側口袋。

②內摺1cm。　口袋口

①內摺1cm　③距邊0.2cm處車縫。　內側口袋（裡布·背面）

④內摺縫份。

內側口袋（正面）

4

①距邊0.2cm處車縫　②車縫中央線。

裡袋布（正面）

1　在相同位置車縫2至3次。

2 將口袋接縫在表袋布上。

③距邊0.2cm處車縫。

口袋（配布·正面）　②內摺1cm。　①內摺1cm

※另一側作法亦同。

表袋布（表布·正面）

①燙貼上布襯。

4

11　⑤車縫　11.5

④車縫

底部→　②將口袋疊放在表袋布上。

口袋（正面）

11.5　11

⑥車縫

4

③在距邊0.2cm的縫份上進行車縫。

3 車縫脇線＆側幅。

表袋布（正面）

②車縫　表袋布（背面）　③燙開縫份

①將底部對摺。

※裡袋布作法亦同。

①對齊脇線＆底線

表袋布（背面）

2.5　2.5

②車縫

4 縫製袋口。

③從返口翻回正面。

表袋布（背面）　①將表袋布翻至正面，放入裡袋布中。

預留返口10cm至12cm。　②車縫

裡袋布（背面）

裡袋布（正面）

①內摺返口縫份。

表袋布（正面）

②距邊0.2cm處車縫

口袋（正面）

5 接縫織帶。

織帶（正面）

距邊1cm處車縫

（背面）

燙開縫份。

（背面）

織帶

14　8　8

8　①對齊袋口＆織帶。

8　0.2

②車縫

14　0.2

織帶（正面）　使織帶稍微往外彎出。

6 縫上磁釦。

完成！

將磁釦縫在裡袋布袋口布邊處。

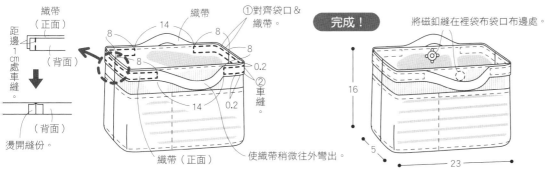

16

5　23

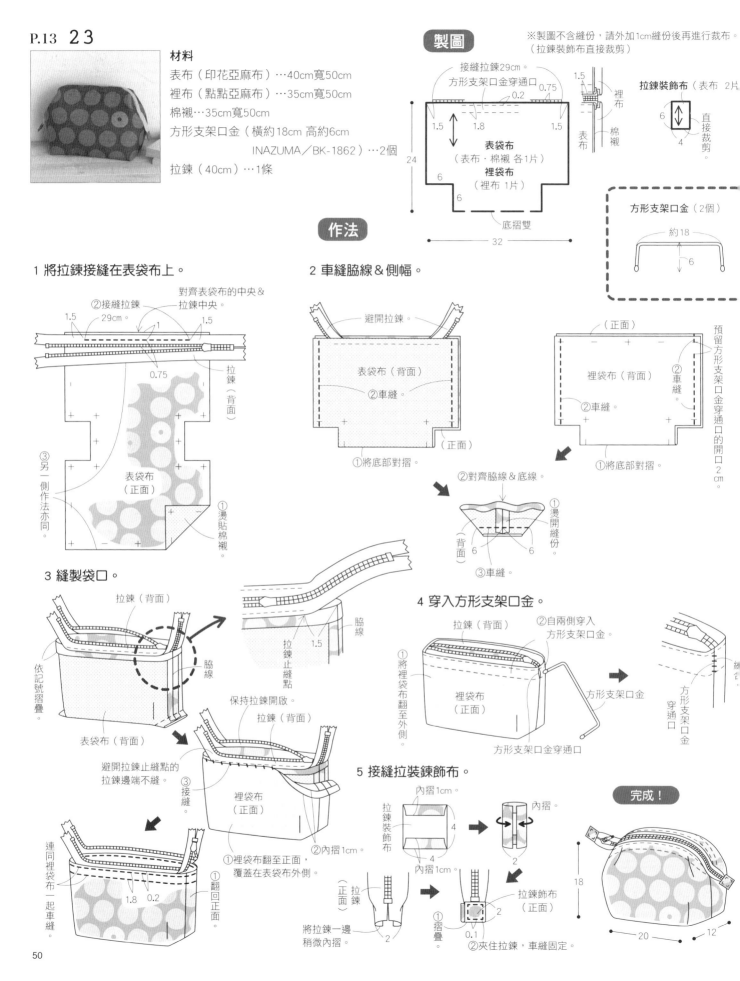

材料
表布（印花亞麻布）…40cm寬50cm
裡布（點點亞麻布）…35cm寬50cm
棉襯…35cm寬50cm
方形支架口金（橫約18cm 高約6cm
　　　INAZUMA／BK-1862）…2個
拉鍊（40cm）…1條

製圖

※製圖不含縫份，請外加1cm縫份後再進行裁剪。
（拉鍊裝飾布直接裁剪）

接縫拉鍊29cm。
方形支架口金穿通口
0.75
0.2
1.5
1.5 1.8 1.5
24
表袋布
（表布·棉襯 各1片）
裡袋布
（裡布 1片）
6
6
底摺雙
32

拉鍊裝飾布（表布 2片）
6
4
直接裁剪。

方形支架口金（2個）
約18
6

作法

1 將拉鍊接縫在表袋布上。

對齊表袋布的中央＆
拉鍊中央。
②接縫拉鍊
29cm。
1.5
1
1.5
0.75
拉鍊（背面）
③另一側作法亦同。
表袋布
（正面）
①燙貼棉襯。

2 車縫脇線＆側幅。

避開拉鍊。
表袋布（背面）
②車縫。
（正面）
①將底部對摺。

（正面）
預留方形支架口金穿通口的開口2cm。
裡袋布（背面）
②車縫。
②車縫。
①將底部對摺。

②對齊脇線＆底線。
①燙開縫份。
（背面）
6
6
③車縫。

3 縫製袋口。

拉鍊（背面）
脇線
拉鍊止縫點
1.5
依記號摺疊。
脇線
表袋布（背面）

保持拉鍊開啟。
拉鍊（背面）
避開拉鍊止縫點的
拉鍊邊端不縫。
裡袋布（正面）
③接縫。
②內摺1cm。
①裡袋布翻至正面，
覆蓋在表袋布外側。

連同裡袋布一起車縫。
1.8 0.2
①翻回正面。

4 穿入方形支架口金。

拉鍊（背面）
②自兩側穿入
方形支架口金。
①將裡袋布翻至外側。
裡袋布（正面）
方形支架口金
方形支架口金穿通口
方形支架口金穿通口

縫。
方形支架口金穿通口

5 接縫拉鍊裝飾布。

內摺1cm。
拉鍊裝飾布
4
4
內摺1cm。
（正面）
拉鍊

內摺。
2

將拉鍊一邊稍微內摺。
2
①摺疊。
0.1
②夾住拉鍊，車縫固定。
拉鍊飾布（正面）
2

完成！
18
20
12

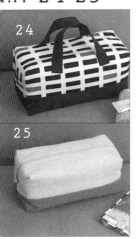

24

25

24材料

A布（牛津印花布）…40cm寬35cm

B布（牛津素色布）…60cm寬30cm

裡布（平織格子棉布）…50cm寬50cm

25材料

A布（素色亞麻布）…40cm寬35cm

B布（素色亞麻布）…40cm寬25cm

裡布（印花棉布）…50cm寬50cm

共通材料（1件）

棉襯…40cm寬50cm

拉鍊（40cm）…1條

製圖

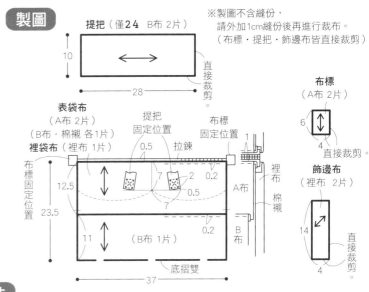

※製圖不含縫份，
請另外加1cm縫份後再進行裁布。
（布標・提把・飾邊布皆直接裁剪）

提把（僅24　B布　2片）

10

28

表袋布
（A布 2片）
（B布・棉襯 各1片）

裡袋布（裡布 1片）

提把固定位置　0.5　拉鍊　布標固定位置

12.5　7　2　0.2

23.5　0.5　7　A布　裡布　棉襯

11　（B布 1片）　0.2　B布

底摺雙

37

布標（A布 2片）

6　4　直接裁剪

飾邊布（裡布 2片）

14　4　直接裁剪

作法

1 縫製提把（僅24）。

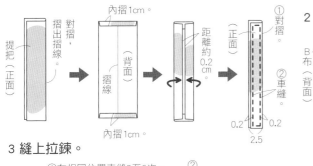

提把（正面）　對摺，摺出摺線。　內摺1cm。

摺線　（背面）

距離約0.2cm

（正面）　①對摺。　②車縫。

0.2　0.2　2.5

2 縫合A布＆B布，製作表袋布。

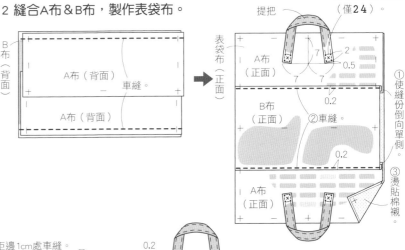

B布（背面）

A布（背面）　車縫。

A布（背面）

表袋布（正面）

④車縫固定提把（僅24）。

提把

A布（正面）　7　2　0.5

7　7

B布（正面）　②車縫　0.2

A布（正面）

①使縫份倒向單側

③燙貼棉襯

0.2

3 縫上拉鍊。

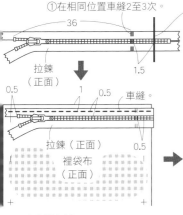

①在相同位置車縫2至3次。

36

1.5

②剪去多餘的部分。

拉鍊（正面）

0.5　1　0.5　車縫

拉鍊（正面）　0.5

裡袋布（正面）

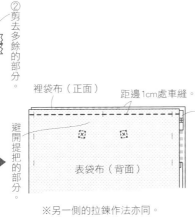

裡袋布（正面）

距邊1cm處車縫。

（正面）拉鍊

避開提把的部分

表袋布（背面）

※另一側的拉鍊作法亦同。

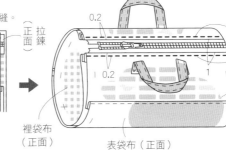

0.2

0.2　1

②裡袋布也一起車縫。

①翻至正面

裡袋布（正面）

表袋布（正面）

4 車縫脇線。

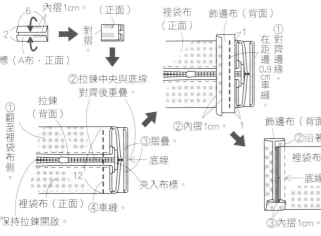

6　內摺1cm。　（正面）

2　對摺

布標（A布・正面）

裡袋布（正面）

飾邊布（背面）

1

①在距邊緣0.9cm車縫

②拉鍊中央與底線對齊後重疊。

②內摺1cm。　1

①翻至裡袋布側

拉鍊（背面）

③摺疊。

底線

夾入布標。

12

裡袋布（正面）　④車縫。

保持拉鍊開啟。

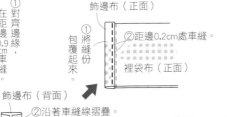

飾邊布（正面）

①包覆縫份起來。

②距邊0.2cm處車縫。

裡袋布（正面）

飾邊布（背面）

②沿著車縫線摺疊。

裡袋布（正面）

底線

①翻至底側。

③內摺1cm。

完成！

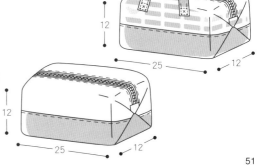

24

12

25　12　12

25

12

25　12

26材料

表布（羊毛布）…25cm寬50cm

裡布（印花棉布）…30cm寬50cm

棉襯（極薄）…25cm寬50cm

貼布繡布A（印花棉布）…10cm寬10cm

貼布繡布B・C（素色棉布）…各5cm寬5cm

拉鍊（20cm）…1條

鈕釦（直徑0.6cm）…黑色2個 白色1個

25號繡線（黑色・橘色）

27材料

表布（素色青年布）…25cm寬50cm

裡布（點點棉布）…30cm寬50cm

棉襯（極薄）…25cm寬50cm

貼布繡布A（印花棉布）…15cm寬5cm

貼布繡布B（印花棉布）…10cm寬5cm

拉鍊（20cm）…1條

鈕釦（直徑0.5cm）…紅色1個 黃色1個

製圖

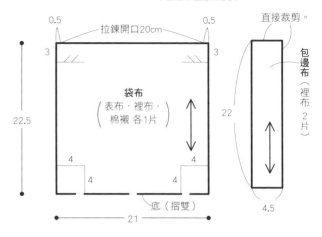

※製圖不含縫份，
　請外加1cm縫份後再進行裁布。
　（包邊布直接裁剪）

作法

1 縫上貼布繡、鈕釦，並進行刺繡。

26

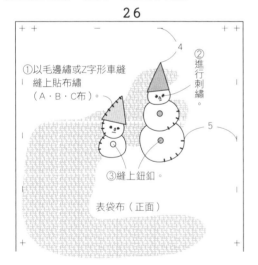

①以毛邊繡或Z字形車縫
縫上貼布繡
（A・B・C布）。

②進行刺繡。

③縫上鈕釦。

4

5

表袋布（正面）

27

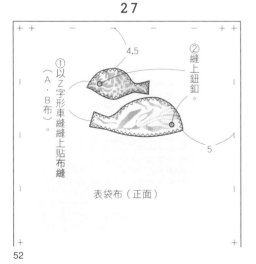

①以Z字形車縫縫上貼布縫
（A・B布）。

②縫上鈕釦。

4.5

5

表袋布（正面）

2 縫上拉鍊。

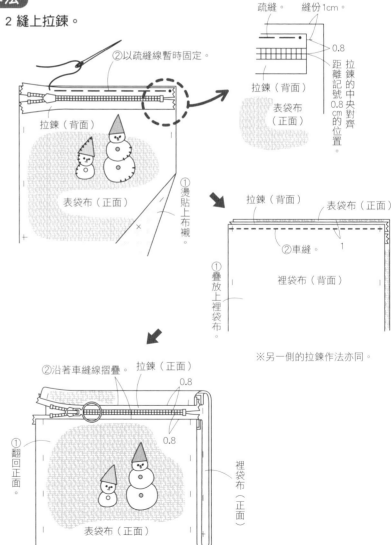

②以疏縫線暫時固定。

拉鍊（背面）

表袋布（正面）

①燙貼上布襯。

疏縫。　縫份1cm。

0.8

拉鍊（背面）

表袋布（正面）

拉鍊的中央對齊距離記號0.8cm的位置。

①疊放上裡袋布。

拉鍊（背面）

表袋布（正面）

②車縫。

裡袋布（背面）

1

※另一側的拉鍊作法亦同。

②沿著車縫線摺疊。

拉鍊（正面）

0.8

0.8

①翻回正面。

表袋布（正面）

裡袋布（正面）

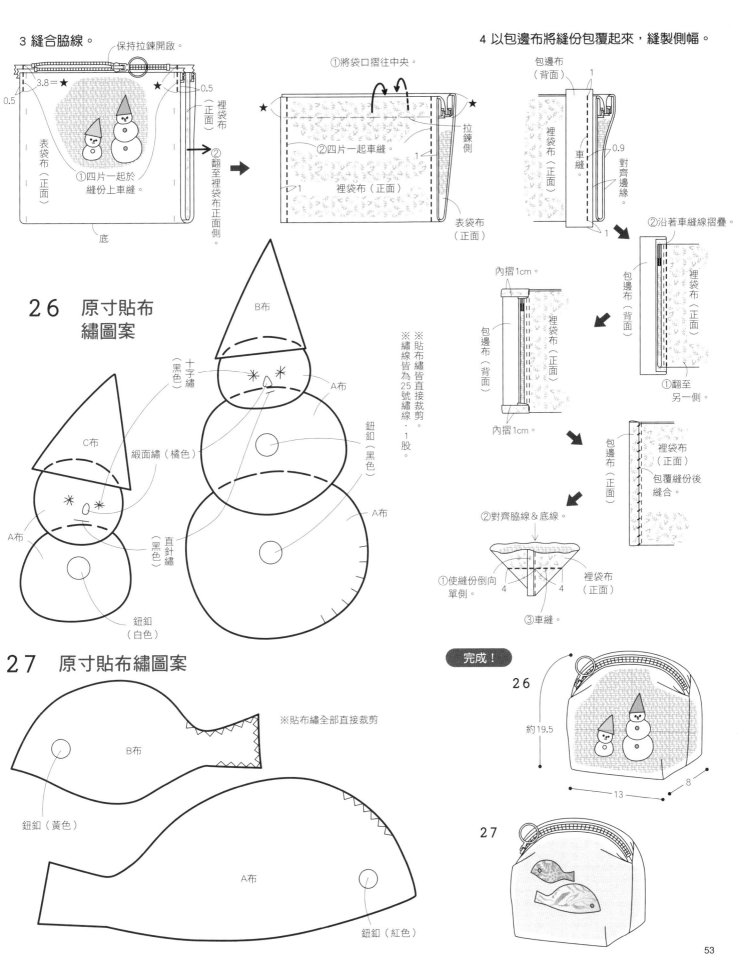

3 縫合脇線。

保持拉鍊開啟。

3.8＝★

0.5

0.5

★

表袋布（正面）

裡袋布（正面）

底

①四片一起於縫份上車縫。

②翻至裡袋布正面側。

①將袋口摺往中央。

★

②四片一起車縫。

拉鍊側

裡袋布（正面）

1

1

表袋布（正面）

★

4 以包邊布將縫份包覆起來，縫製側幅。

包邊布（背面）

1

裡袋布（正面）

車縫。

0.9

對齊邊緣。

1

②沿著車縫線摺疊。

包邊布（背面）

裡袋布（正面）

①翻至另一側。

內摺1cm。

包邊布（背面）

裡袋布（正面）

包邊布（背面）

內摺1cm。

包邊布（背面）

裡袋布（正面）

包覆縫份後縫合。

②對齊脇線＆底線。

①使縫份倒向單側。

裡袋布（正面）

4   4

③車縫。

26 原寸貼布繡圖案

B布

十字繡（黑色）

A布

緞面繡（橘色）

C布

鈕釦（黑色）

A布

直針繡（黑色）

A布

鈕釦（白色）

※繡線皆為25號繡線・1股。

※貼布繡皆直接裁剪。

27 原寸貼布繡圖案

B布

鈕釦（黃色）

※貼布繡全部直接裁剪

A布

鈕釦（紅色）

完成！

26

約19.5

13   8

27

53

材料
A布（素色棉麻布）…100cm寬60cm
B布（印花棉布）…40cm寬40cm
圓繩（粗0.5cm）…1m80cm

製圖

※製圖不含縫份。
除了以○標示的指定尺寸之外，
皆外加1cm縫份後再進行裁布。
（提把直接裁剪）

提把（A布 2片）
10
39　直接裁剪

表袋布（A布 1片）
提把固定位置
9.5　0.2　④　9.5
圓繩穿通口　圓繩穿通口
3
4
A布
A布
B布
2.5　9
口袋（B布 1片）
②．5
1.3　12
25
4
4
底摺雙　車縫底部中央。
36

裡袋布（A布 1片）
22
底摺雙
36

作法

1 縫製提把。
③距邊0.2cm處車縫。　①摺疊（參閱P.56）。
2.5
提把（正面）
②距邊0.2cm處車縫。

2 縫上口袋。
表袋布（A布・正面）
③距邊0.2cm處車縫。
②內摺1.5cm。
①內摺1cm。
④車縫底部。　⑤車縫中線。
⑥在距縫份邊0.2cm處進行車縫。
口袋（B布・正面）

3 縫上把手。
②車縫固定。　①對齊邊緣。
9.5　9.5
表袋布（正面）
提把（正面）
口袋（正面）

4 車縫脇線＆側幅。
預留圓繩穿通口 2.5cm。
表袋布（背面）　②車縫
①將底部對摺。
表袋布（背面）
圓繩穿通口
①燙開縫份。
②距邊0.5cm處車縫。
②車縫。
預留返口 10cm。
裡袋布（A布・背面）
①將底部對摺。
①對齊脇線＆底線。
表袋布（背面）
4　4
②車縫。
※裡袋布作法亦同。

5 縫製袋口。
③距邊1cm處車縫。
①將裡袋布翻至正面，放入表袋布中。
裡袋布（背面）
②對齊邊緣。
④從返口翻回正面。
表袋布（背面）
裡袋布（正面）
表袋布（正面）
表袋布（正面）
圓繩穿通口
翻至表袋布側。
①摺疊。
0.2
②車縫。
0.2
3
③縫合返口。
裡袋布（正面）

完成！
①穿入兩條長90cm的圓繩。
②打結。
21
28　8

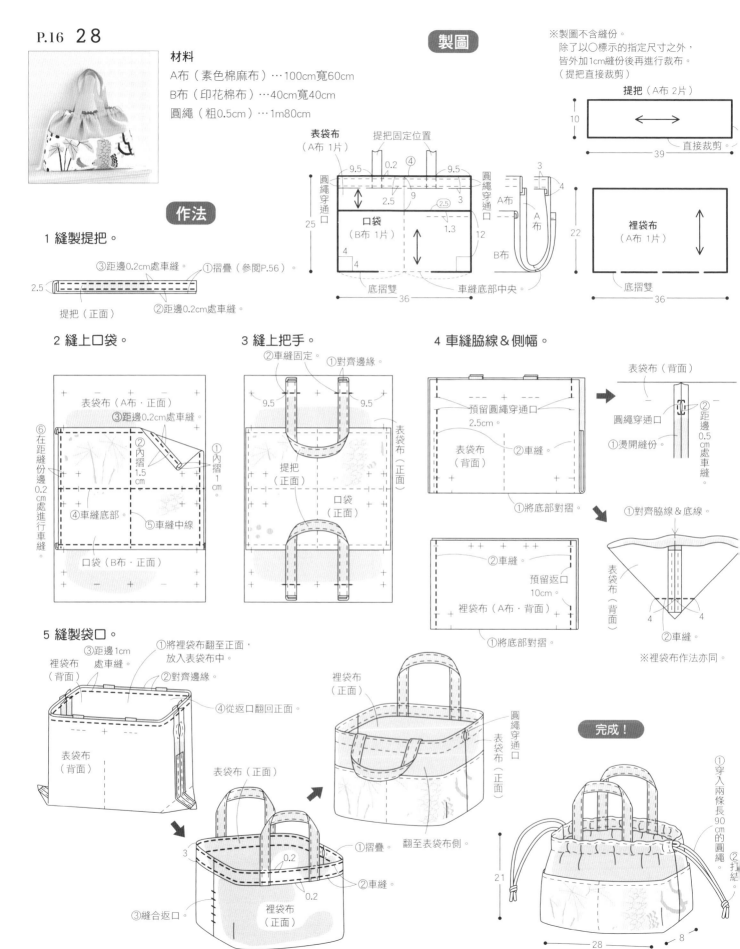

材料

A布（印花棉布）⋯60cm寬45cm

B布（點點亞麻布）⋯40cm寬65cm

布襯⋯4cm×3.5cm

斜紋織帶（寬1cm）⋯100cm

製圖

※製圖不含縫份，
　請外加1cm縫份後
　再進行裁布。
　（提把直接裁剪）

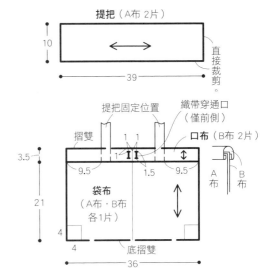

提把（A布 2片）

10

39

直接裁剪。

摺雙　　提把固定位置　　織帶穿通口（僅前側）

口布（B布 2片）

3.5

1 1

9.5　　1.5　　9.5

A布　B布

袋布（A布・B布各1片）

21

4

4　　底摺雙

36

作法

1 縫製提把。

①摺疊。（參閱P.56）

②距邊0.2cm處車縫。

提把（A布・正面）

2.5

2 縫合口布。

口布（B布・背面）

①燙貼上布襯。

4

I I　3.5

②以開釦眼的訣竅處理織帶穿通口。

※僅在前側片上進行開孔。

口布（正面）

9.5

I I

提把（正面）

①車縫固定在距邊0.2cm的縫份上。

9.5

②車縫。

口布（正面）

①車縫。

口布（背面）

②燙開縫份。

3 車縫脇線＆側幅。

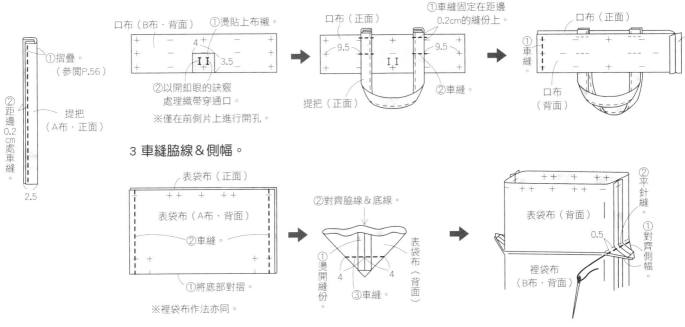

表袋布（正面）

表袋布（A布・背面）

②車縫。

①將底部對摺。

※裡袋布作法亦同。

②對齊脇線＆底線。

①燙開縫份。

4　　4

③車縫。

表袋布（背面）

②平針縫。

①對齊側幅。

0.5

裡袋布（B布・背面）

4 接縫口布。

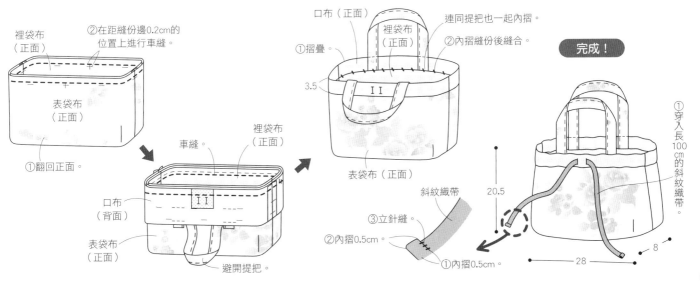

裡袋布（正面）

②在距縫份邊0.2cm的位置上進行車縫。

表袋布（正面）

①翻回正面。

車縫。

裡袋布（正面）

口布（背面）

表袋布（正面）

避開提把。

口布（正面）

①摺疊。

裡袋布（正面）

3.5

I I

表袋布（正面）

連同提把也一起內摺。

②內摺縫份後縫合。

斜紋織帶

②內摺0.5cm。

③立針縫。

①內摺0.5cm。

完成！

20.5

28　　8

①穿入長100cm的斜紋織帶。

材料
A布（素色亞麻布）…55cm寬60cm
B布（素色棉布）…70cm寬55cm
厚布襯…45cm寬60cm
壓釦（直徑1cm）…2組

製圖

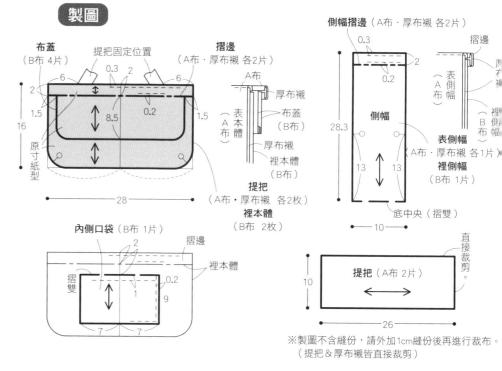

布蓋（B布 4片）
提把固定位置
摺邊（A布・厚布襯 各2片）
側幅摺邊（A布・厚布襯 各2片）
表本體（A布）
厚布襯
布蓋（B布）
厚布襯
裡本體（B布）
提把（A布・厚布襯 各2枚）
裡本體（B布 2枚）
側幅
表側幅（A布・厚布襯 各1片）
裡側幅（B布 1片）
底中央（摺雙）
原寸紙型

內側口袋（B布 1片）
摺邊
裡本體
摺雙

提把（A布 2片）
直接裁剪。

※製圖不含縫份，請外加1cm縫份後再進行裁布。
（提把&厚布襯皆直接裁剪）

作法

1　縫製提把。

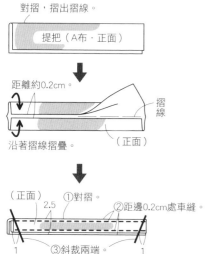

對摺，摺出摺線。
提把（A布・正面）
距離約0.2cm。
摺線
沿著摺線摺疊。
（正面）
（正面）①對摺。
2.5
②距邊0.2cm處車縫
1　③斜裁兩端　1

2　接縫表本體&表側幅。

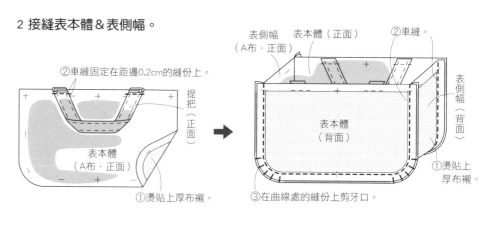

②車縫固定在距邊0.2cm的縫份上。
提把（正面）
表本體（A布・正面）
①燙貼上厚布襯。
表側幅（A布・正面）
表本體（正面）
②車縫
表本體（背面）
表側幅（背面）
①燙貼上厚布襯。
③在曲線處的縫份上剪牙口。

3　縫製&接縫上內側口袋。

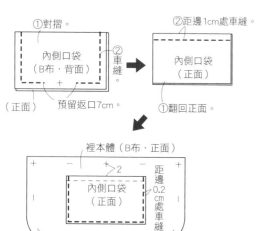

①對摺。
內側口袋（B布・背面）
②車縫。
（正面）
預留返口7cm。
②距邊1cm處車縫。
內側口袋（正面）
①翻回正面。
裡本體（B布・正面）
2
內側口袋（正面）
距邊0.2cm處車縫

4　縫製&接縫上布蓋。

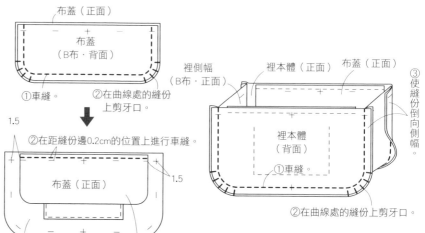

布蓋（正面）
布蓋（B布・背面）
①車縫
②在曲線處的縫份上剪牙口。
1.5
②在距縫份邊0.2cm的位置上進行車縫。
布蓋（正面）
1.5
裡本體（正面）
①翻回正面。

5　接縫裡本體&裡側幅。

裡側幅（B布・正面）
裡本體（正面）
布蓋（正面）
③使縫份倒向側幅。
裡本體（背面）
①車縫。
②在曲線處的縫份上剪牙口。

6 縫合摺邊，並接縫在裡本體＆裡側幅上。　　7 對齊表本體・表側幅＆裡本體・裡側幅，再縫合袋口。

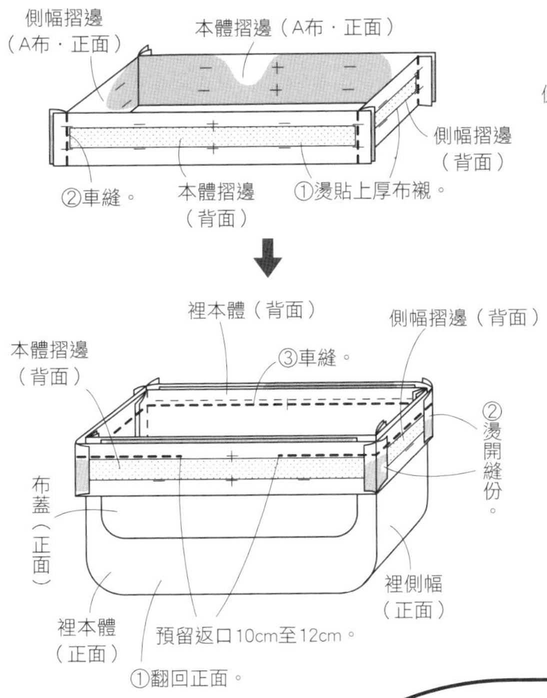

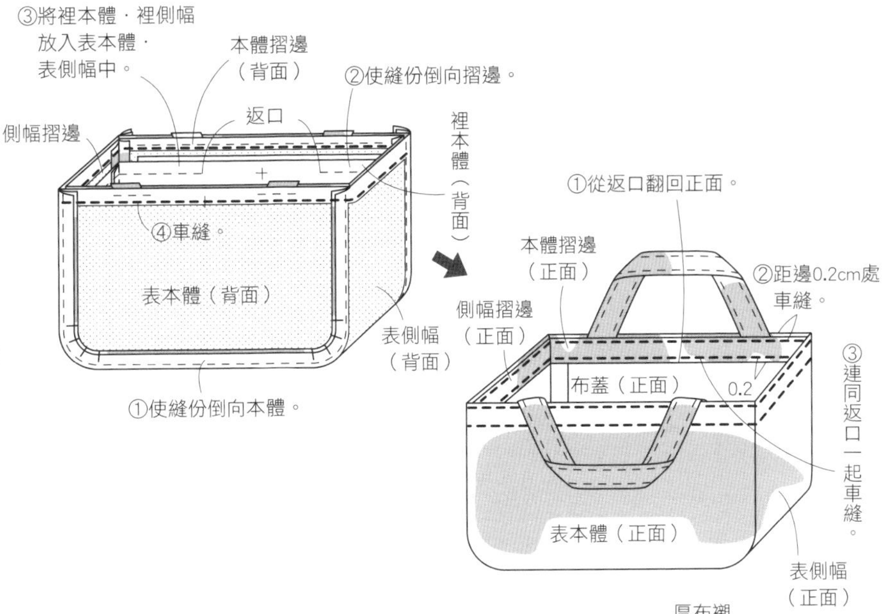

側幅摺邊
（A布・正面）

本體摺邊（A布・正面）

②車縫。

本體摺邊
（背面）

側幅摺邊
（背面）

①燙貼上厚布襯。

裡本體（背面）

側幅摺邊（背面）

本體摺邊
（背面）

③車縫。

②燙開縫份。

布蓋
（正面）

裡本體
（正面）

①翻回正面。

預留返口10cm至12cm。

裡側幅
（正面）

③將裡本體・裡側幅放入表本體・表側幅中。

本體摺邊
（背面）

②使縫份倒向摺邊。

返口

側幅摺邊

④車縫。

表本體（背面）

裡本體
（背面）

①使縫份倒向本體。

表側幅
（背面）

①從返口翻回正面。

本體摺邊
（正面）

②距邊0.2cm處車縫。

側幅摺邊
（正面）

布蓋（正面）

0.2

③連同返口一起車縫。

表本體（正面）

表側幅
（正面）

厚布襯

B布　A布

A布

完成！

壓釦固定位置

布蓋
（正面）

縫上壓釦（凸）。

布蓋
（正面）

縫上壓釦（凹）。

16

10

28

中心摺雙

本體・布蓋・摺邊原寸紙型

裡本體
（B布 2片）

表本體
（A布・厚布襯 各2片）

布蓋固定位置

提把固定位置

摺邊（A布・厚布襯 各1片）

※原寸紙型不含縫份，皆外加1cm縫份後再進行裁布。
（厚布襯直接裁剪）

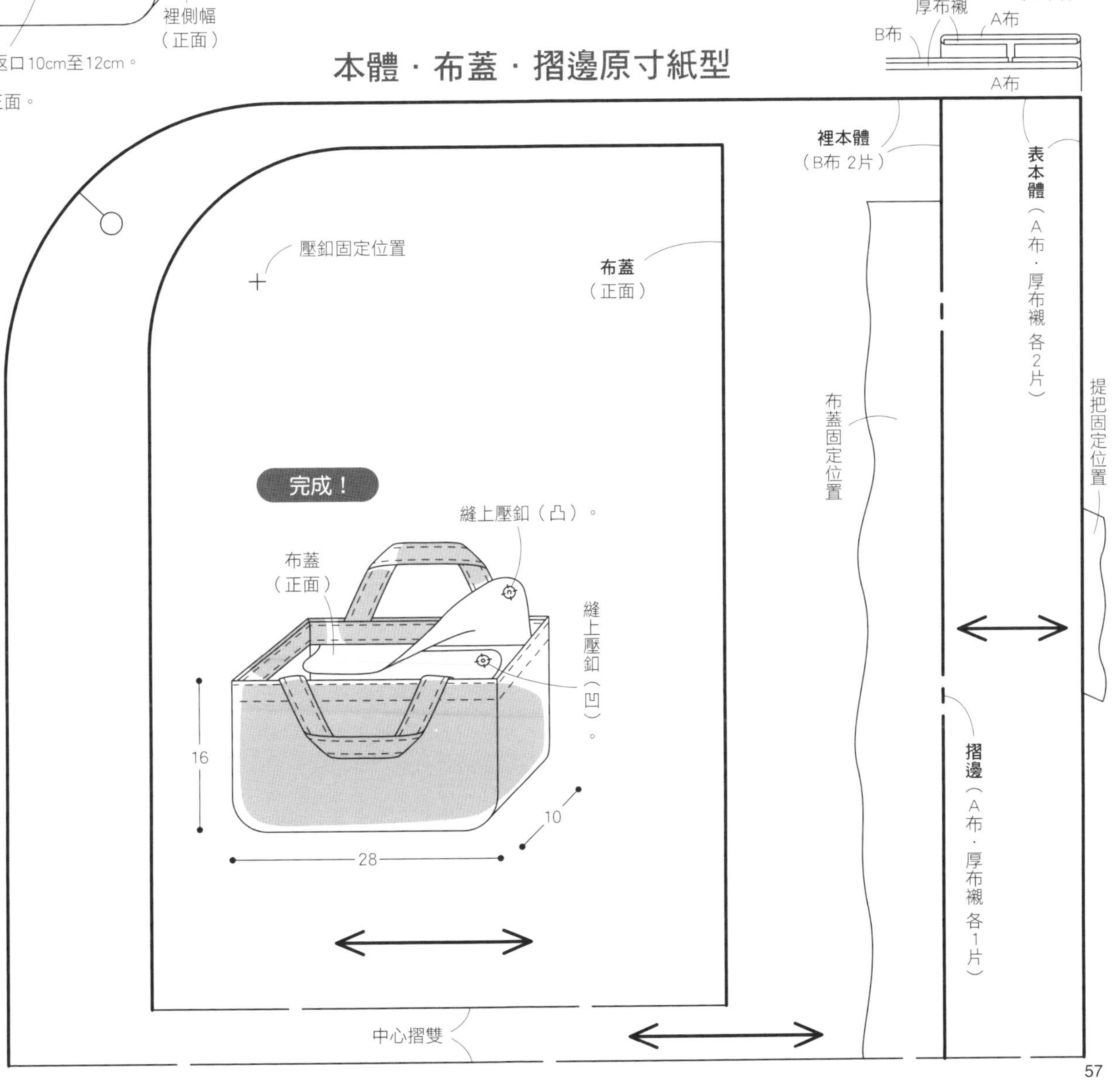

材料

A布（素色粗棉布）…55cm寬40cm

B布（條紋棉布）…65cm寬40cm

棉襯…50cm寬40cm

布襯…10cm寬10cm

織帶（寬1cm）…35cm

標籤（寬1.7cm）…5cm

手縫式牛角對釦（布耳部分直徑3.5cm 牛角釦4cm×1.3cm）…1組

肩背帶（附釦環 寬2cm 長80至140cm）…1條

D環（內徑2cm）…2個

5號繡線（白色）

25號繡線（灰色）

製圖

※製圖不含縫份。
請依○內標示的縫份尺寸，外加縫份後再進行裁布。
（包邊布・吊耳・布標皆直接裁剪）

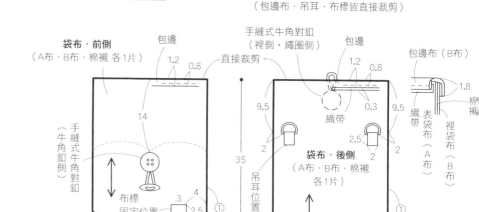

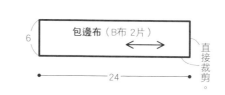

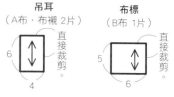

作法

1 將表袋布燙貼上棉襯，
　疊放在裡袋布上。

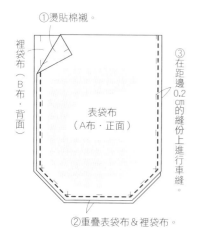

2 車縫包邊。

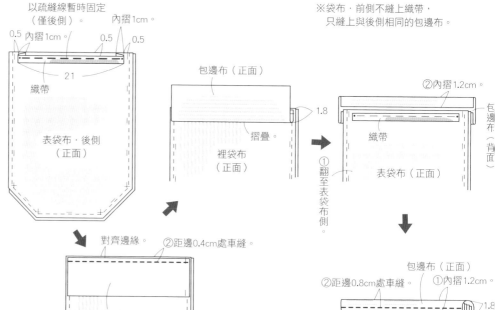

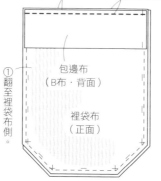

3 在後側片上車縫吊耳、手縫式牛角對釦（繩圈側）。

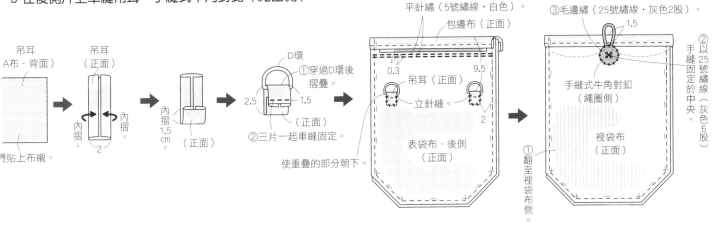

4 在前側片上縫上布標＆手縫式牛角對釦（牛角釦側）。

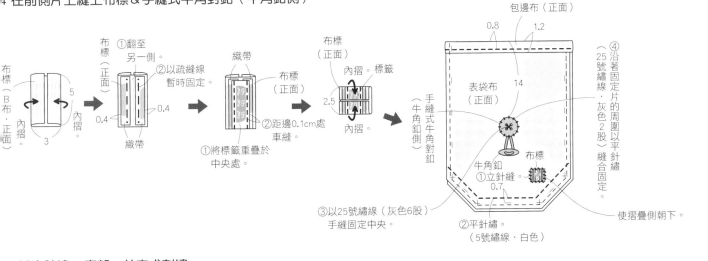

5 縫合脇邊＆底部，並完成刺繡。

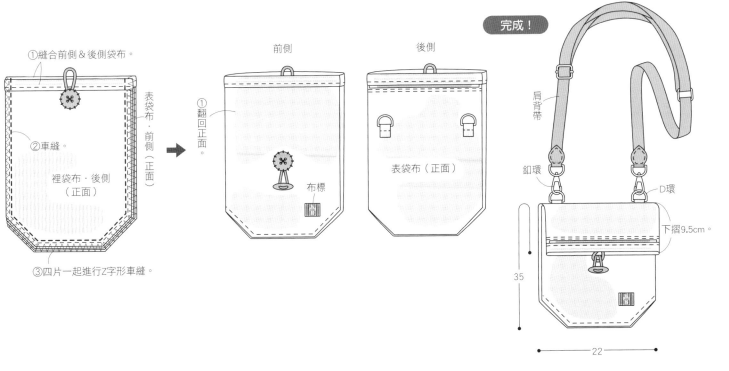

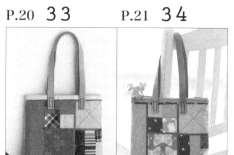

P.20 33　P.21 34

33材料
A布（素色厚丹寧布）…60cm寬30cm
B布（羊毛斜紋軟呢布）…10cm寬30cm
C布（提花棉麻布）…30cm寬20cm
D布（格子棉布）…15cm寬15cm
E布（格子棉布）…15cm寬10cm
F布（蘇格蘭格子棉布）…15cm寬10cm
G布（起毛棉布）…15cm寬5cm
H布（條紋棉布）…15cm寬5cm
I布（提花棉麻布）…30cm寬6cm

34材料
A布（素色麻布）…30cm寬25cm
B布（針織布）…25cm寬20cm
C布（牛津印花布）…15cm寬15cm
D布（格子棉布）…20cm寬15cm
E布（點點棉布）…40cm寬60cm
F布（印花棉布）…15cm寬10cm
G布（提花棉麻布）…5cm寬10cm

共通材料（1件）
棉襯…60cm寬30cm
皮革提把（2cm寬55cm）…1組
緞帶（0.6cm寬）…70
斜紋織帶（寬3cm）…60
5號繡線（棕色）
縫線

製圖
※紙型不含縫份，請加上1cm的縫份後再進行裁布。
（口布‧包邊布直接裁剪）

作法

1 接縫表袋布前側。

從小布片開始拼縫。

※以下為作品33的表袋布縫法。
　作品34的表袋布縫法亦同。

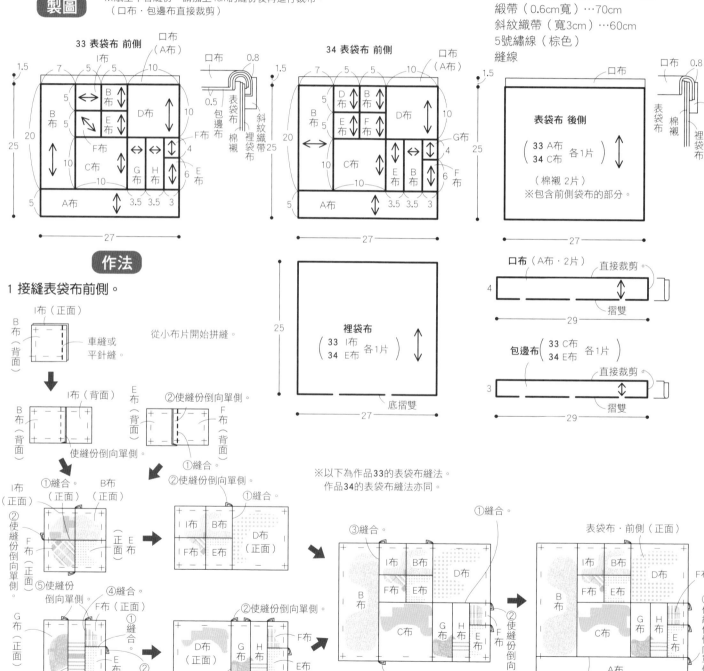

2 表袋布．前側絎縫，並縫上緞帶。

①燙貼上布襯。
②絎縫（5號繡線．棕色）
B布
D布
C布
A布

①接縫處重疊上緞帶。
表袋布（正面）
緞帶
②內摺1cm。
③立針縫。

①接縫處重疊上緞帶。
表袋布（正面）
緞帶
②內摺1cm。
③立針縫。

3 車縫表袋布&裡袋布的脇線。

①燙貼上布襯。
表袋布．後側
（33 A布 34 C布．背面）
②車縫。
③燙開縫份。
表袋布．前側（正面）

（正面）
③燙開縫份。
裡袋布（背面）
②車縫。
①將底部對摺。

4 接縫包邊布。

③在距邊0.2cm的縫份上進行車縫。
②將裡袋布放入表袋中。
①將表袋布翻回正面。

①兩端內摺。
包邊布（正面）
②對摺。
（背面）

①自距離記號0.5cm處，與摺雙邊對齊。
裡袋布（正面）
包邊布（正面）
表袋布（正面）
在縫份上以疏縫線暫時固定。

將口布接縫於袋口側。

①車縫。
（正面）
口布（背面）
②燙開縫份。

口布（正面）
對摺，摺出摺線。

對齊摺線與記號，車縫縫合。
口布（正面）
口布（背面）
表袋布（正面）

②往裡袋布側摺入。
口布（正面）
2.5
裡袋布（正面）
包邊布
1.5
表袋布（正面）
①沿著縫線摺疊。
口布
表袋布（正面）
包邊布
0.5

口布（正面）
脇線
重疊1cm。
裡袋布（正面）
1
斜紋織帶

裡袋布（正面）
口布（正面）
長56cm的斜紋織帶
0.8
表袋布（正面）
裡袋布（背面）
0.3
2.5
包邊布
以平針縫將斜紋織帶縫合固定（縫線）

口布
0.8
包邊布
斜紋織帶

完成！

皮革提把
以回針縫縫合固定（5號繡線．茶色2股）
5
7.5
0.3
26.5
27

材料

表布（葛倫格子布）…60cm寬45cm
裡布（印花棉布）…50cm寬45cm
厚布襯…60cm寬45cm
拉鍊（40cm）…1條
合成皮革提把（肩背型 寬2.5cm
長80cm至140cm／INAZUMA／YAS-2541 #11黑色）…1條
D環（內徑2.5cm／INAZUMA／AK-6-31 AG）…2個
字母徽章（熨燙式 約6.5cm×7cm）…1個

製圖

※製圖·原寸紙型皆不含縫份，
請外加1cm縫份後再進行裁布。
（布耳直接裁剪）

作法

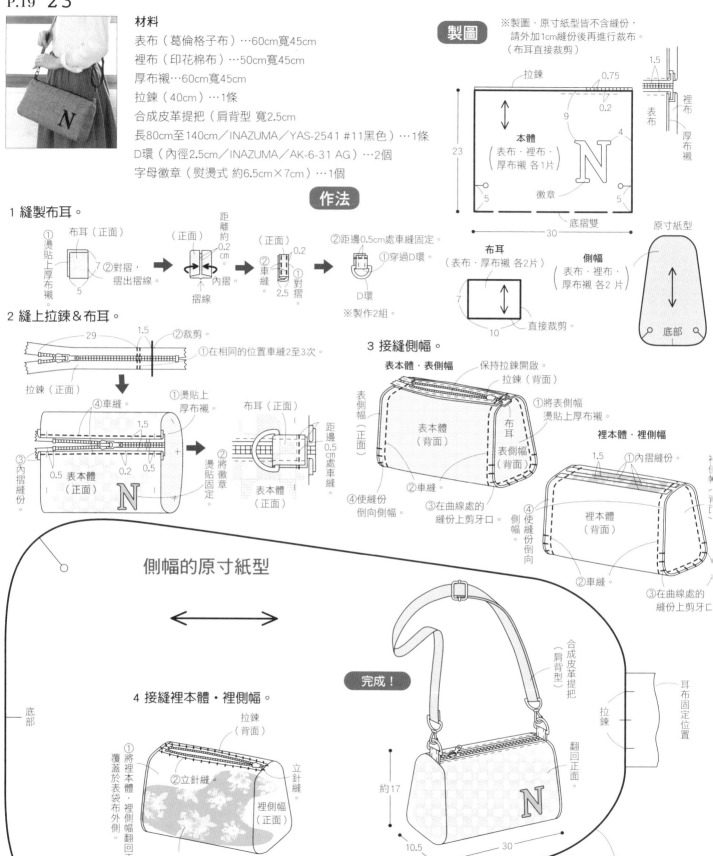

1 縫製布耳。

2 縫上拉鍊＆布耳。

3 接縫側幅。

4 接縫裡本體·裡側幅。

完成！

約17

10.5　　30

側幅
（表布·裡布·厚布襯 各2片）

37材料

A布（印花棉布）…15cm寬25cm

B布（直紋棉麻布）…15cm寬10cm

布襯…15cm寬30cm

織帶（2cm寬）…15cm

38材料

A布（直紋棉麻布）…15cm寬25cm

B布（印花棉布）…15cm寬10cm

布襯…15cm寬30cm

織帶（2cm寬）…15cm

作法

1 縫製A布。

2 縫製B布。

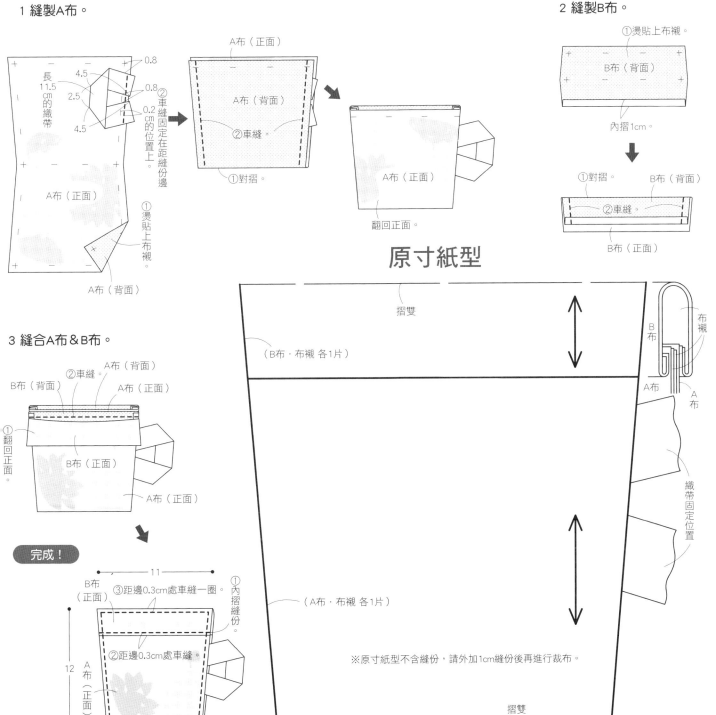

3 縫合A布＆B布。

完成！

原寸紙型

※原寸紙型不含縫份，請外加1cm縫份後再進行裁布。

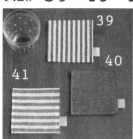

39材料
表布（直紋棉麻布）…15cm寬25cm

40材料
表布（粗棉布）…15cm寬25cm

41材料
表布（直紋棉麻布）…25cm寬15cm

共通材料（1件）
布襯…15cm寬25cm
織帶（2cm寬）…5cm

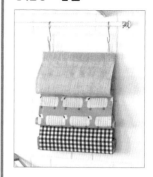

作法

1 固定布標。　　　　2 對摺後，縫合周圍。

① 燙貼上
布襯。

表布（正面）

② 車縫固定在距邊0.5cm的縫份上。

布標
將長5cm的
布標對摺。

1.5

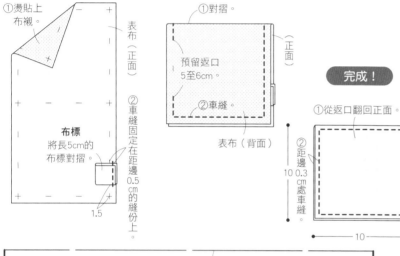

① 對摺。

正面

預留返口
5至6cm。

② 車縫。

表布（背面）

完成！

① 從返口翻回正面。

② 距邊0.3cm處車縫。

10

10

製圖

※製圖不含縫份。
請依○內標示的縫份尺寸，
外加縫份後再進行裁布。
（厚布襯直接裁剪）

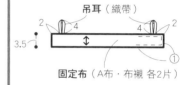

吊耳（織帶）

2　4　4　2

3.5

① 固定布（A布·布襯 各2片）

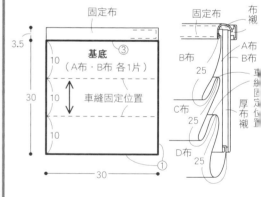

固定布

3.5

基底
（A布·B布 各1片）　③

10

10　車縫固定位置

30

10

30

固定布

布襯

A布
B布

車縫固定位置

厚布襯

B布

25

C布

25

D布

25

原寸紙型

摺雙

原寸紙型

（表布·布襯 各1片）

※原寸紙型不含縫份，請外加1cm縫份後再進行裁布。

39·40

41

布標
（織帶）

摺雙

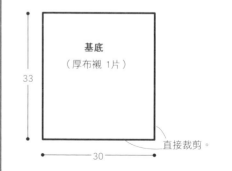

基底
（厚布襯 1片）

33

30　直接裁剪。

材料

A布（條紋棉布）…35cm寬50cm

B布（素色亞麻布）…35cm寬65m

C布（印花棉布）…35cm寬30cm

D布（格子亞麻布）…35cm寬30cm

厚布襯…30cm寬35cm

布襯…35cm寬15cm

斜紋織帶（寬1cm）…20cm

作法

1 縫製基底。

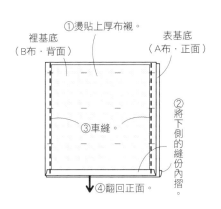

①燙貼上厚布襯。

裡基底
（B布・背面）

表基底
（A布・正面）

③車縫。

②將下側的縫份內摺。

④翻回正面。

2 接縫上・中・下本體。

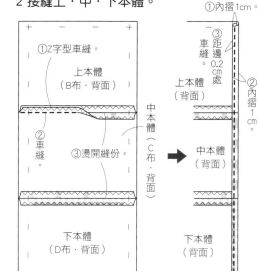

①Z字型車縫。

上本體
（B布・背面）

②車縫。

③燙開縫份。

中本體（C布・背面）

下本體
（D布・背面）

①內摺1cm。

③車縫邊。0.2cm處

②內摺1cm。

上本體
（背面）

中本體
（背面）

下本體
（背面）

3 接縫基底＆上・中・下本體。

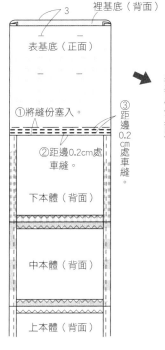

3

裡基底（背面）

表基底（正面）

①將縫份塞入。

②距邊0.2cm處車縫。

③距邊0.2cm處車縫。

下本體（背面）

中本體（背面）

①回摺。

上本體（背面）

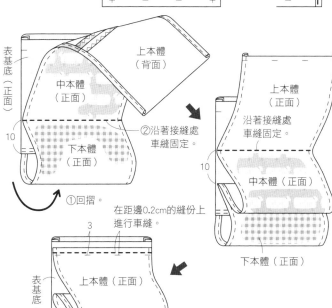

表基底（正面）

上本體（背面）

中本體（正面）

下本體（正面）

②沿著接縫處車縫固定。

上本體（正面）

沿著接縫處車縫固定。

10

中本體（正面）

下本體（正面）

在距邊0.2cm的縫份上進行車縫。

3

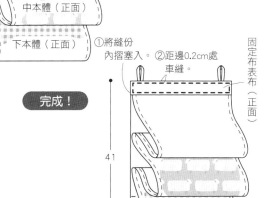

表基底（正面）

上本體（正面）

中本體（正面）

下本體（正面）

①將縫份內摺塞入。

②距邊0.2cm處車縫。

完成！

41

30

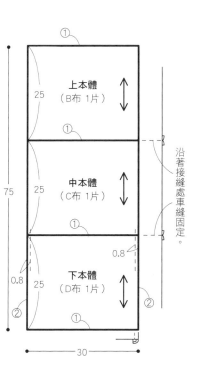

①

上本體
（B布 1片）

25

①

75

中本體
（C布 1片）

25

①

沿著接縫處車縫固定。

0.8

下本體
（D布 1片）

0.8

25

②

②

①

30

4 縫製固定布。

②車縫固定在距邊0.2cm的縫份上。

2

2

固定布表布
（A布・正面）

長10cm的斜紋織帶

①將背面燙貼上布襯。

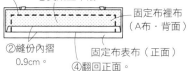

③車縫。

①燙貼上布襯。

②縫份內摺0.9cm。

固定布裡布
（A布・背面）

固定布表布（正面）

④翻回正面。

5 縫上固定布。

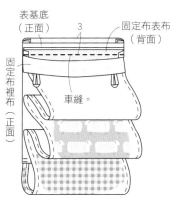

表基底（正面）

3

固定布表布（背面）

固定布裡布（正面）

車縫。

固定布表布（正面）

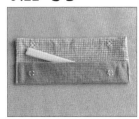

材料

表布（素色8號帆布）…25cm寬15cm

裡布（格子棉布）…25cm寬15cm

壓釦（直徑1cm）…2組

※製圖不含縫份，請外加1cm縫份後再進行裁布。

製圖

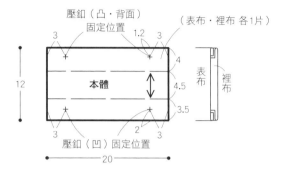

壓釦（凸・背面）
固定位置

（表布・裡布 各1片）

本體

壓釦（凹）固定位置

作法

1 縫合表袋布＆裡袋布。

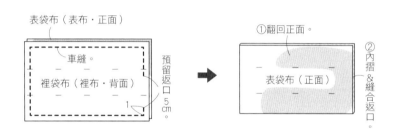

表袋布（表布・正面）

車縫。

裡袋布（裡布・背面）

預留返口
5cm。

①翻回正面。

表袋布（正面）

②內摺＆縫合返口。

2 車縫兩端。

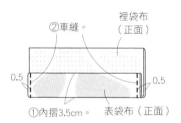

②車縫。

裡袋布（正面）

0.5　0.5

①內摺3.5cm。　表袋布（正面）

3 縫上壓釦。

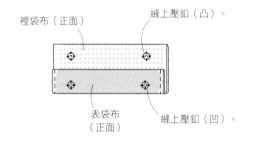

裡袋布（正面）

縫上壓釦（凸）。

表袋布（正面）

縫上壓釦（凹）。

完成！

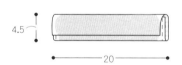

4.5

20

壓釦的縫法

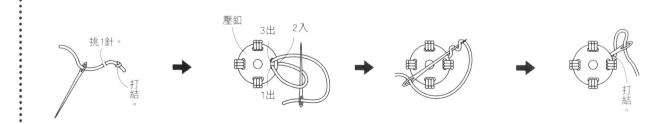

挑1針。

打結。

壓釦

3出　2入

1出

打結。

材料

A布（印花8號帆布）…40cm寬50cm
B布（素色8號帆布）…40cm寬30cm
魔鬼氈（寬2cm）…6cm
織帶（寬2cm）…6cm

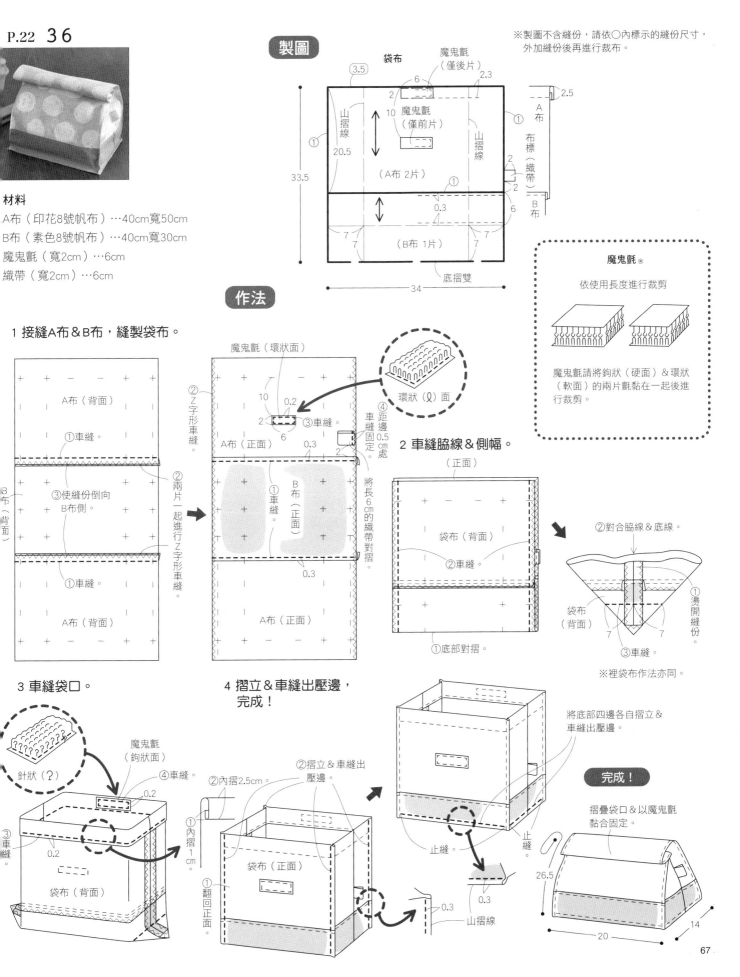

※製圖不含縫份，請依○內標示的縫份尺寸，外加縫份後再進行裁布。

製圖

袋布

魔鬼氈（僅後片）

魔鬼氈（僅前片）

山摺線

山摺線

布標（織帶）

A布

B布

（A布 2片）

（B布 1片）

底摺雙

魔鬼氈®

依使用長度進行裁剪

魔鬼氈請將鉤狀（硬面）＆環狀（軟面）的兩片氈黏在一起後進行裁剪。

作法

1 接縫A布＆B布，縫製袋布。

A布（背面）
③使縫份倒向B布側。
①車縫。
A布（背面）

②Z字形車縫。
②兩片一起進行Z字形車縫。

魔鬼氈（環狀面）
環狀（ᠬ）面
A布（正面）
③車縫。
B布（正面）
①車縫。
A布（正面）
④距邊0.5cm處車縫固定。
將長6cm的織帶對摺。

2 車縫脇線＆側幅。

（正面）
袋布（背面）
②車縫。
①底部對摺。

②對合脇線＆底線。
袋布（背面）
③車縫。
①燙開縫份。

※裡袋布作法亦同。

3 車縫袋口。

針狀（?）
魔鬼氈（鉤狀面）
④車縫。
③車縫。
袋布（背面）

4 摺立＆車縫出壓邊，完成！

②內摺2.5cm。
②摺立＆車縫出壓邊。
①內摺1cm。
①翻回正面。
袋布（正面）

將底部四邊各自摺立＆車縫出壓邊。

止縫。
山摺線

完成！

摺疊袋口＆以魔鬼氈黏合固定。

共通材料（1件）
A布（被單布）…40cm寬20cm
B布（印花棉布）…20cm寬20cm
C布（印花棉布）…20cm寬20cm
棉襯…40cm寬20cm
不織布（20cm寬20cm）…2片
25號繡線（深棕色）

作法

1 製作耳朵。

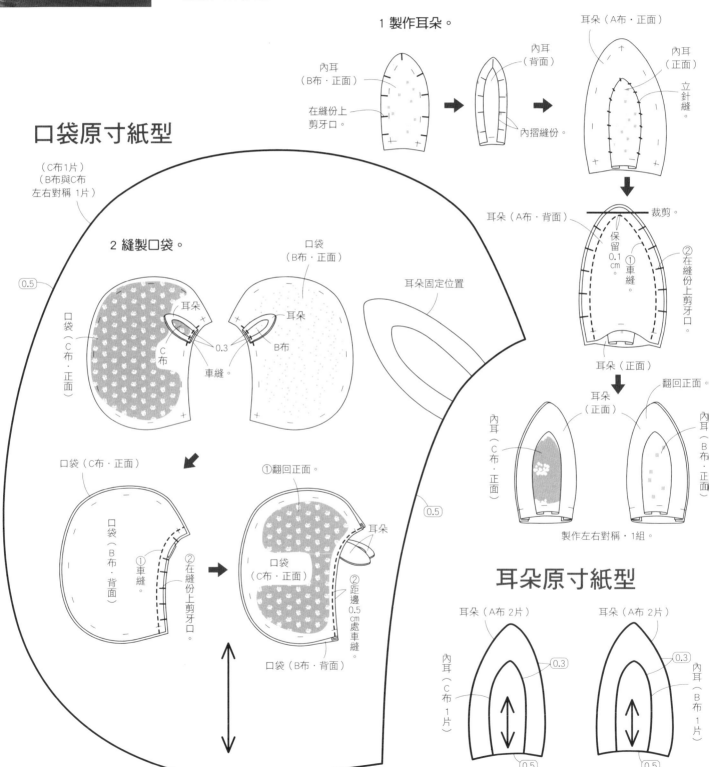

口袋原寸紙型

（C布1片）
（B布與C布
左右對稱 1片）

2 縫製口袋。

內耳
（B布・正面）
在縫份上
剪牙口。

內耳
（背面）
內摺縫份。

耳朵（A布・正面）
內耳
（正面）
立針縫。

耳朵（A布・背面）
裁剪。
保留
0.1
cm。
①車縫。
②在縫份上剪牙口。

耳朵（正面）

耳朵
（正面）
內耳
（C布・正面）
翻回正面。
內耳
（B布・正面）

製作左右對稱・1組。

口袋
（B布・正面）
口袋
（C布・正面）
耳朵
耳朵
C布
B布
0.3
車縫。

耳朵固定位置

口袋（C布・正面）
口袋
（B布・背面）
①車縫。
②在縫份上剪牙口。

①翻回正面。
口袋
（C布・正面）
口袋
（B布・背面）
耳朵
②距邊0.5cm處車縫。

0.5

0.5

耳朵原寸紙型

耳朵（A布 2片）
內耳
（C布
1片）
0.3
0.5

耳朵（A布 2片）
內耳
（B布
1片）
0.3
0.5

3 縫製本體。

本體（A布・背面）
棉襯
不織布
②將不織布
接縫於棉襯上。
①燙貼棉襯。

※另一側作法亦同。

本體（正面）
（深棕色・3股）緞面繡

4 接縫口袋＆縫合本體周圍。

將口袋固定在一片本體上。
0.2
在距離記號0.2cm
的縫份上，三片
一起車縫固定。
本體（正面）

口袋（C布・正面）

③從返口翻回正面。

對齊疊上
無口袋的本體。

②在縫份上
剪牙口。

①車縫。

本體（背面）

預留返口
7至8cm。

本體原寸紙型

A布 0.5
棉襯直接裁剪。

直接裁剪。

※製圖不含縫份。
請依○內標示的縫份尺寸，
外加縫份後再進行
裁布。
（棉襯・不織布
直接裁剪）

本體
（A布 左右對稱各1片）
（棉襯 2片）

不織布
（左右對稱各1片）

5 縫合返口。

將返口的縫份內摺塞入，
以對針縫縫合。

A布
C布
0.5
將耳朵反摺後，以立針縫縫合固定。
A布

完成！

A布

約16.5

A布

B布

約17.5

從口袋口處往外反摺，
就變成了B布的口袋。

緞面繡。

耳朵固定位置

口袋固定位置

不織布

緞面繡。

※繡線皆為25號繡線
（深棕色・3股）。

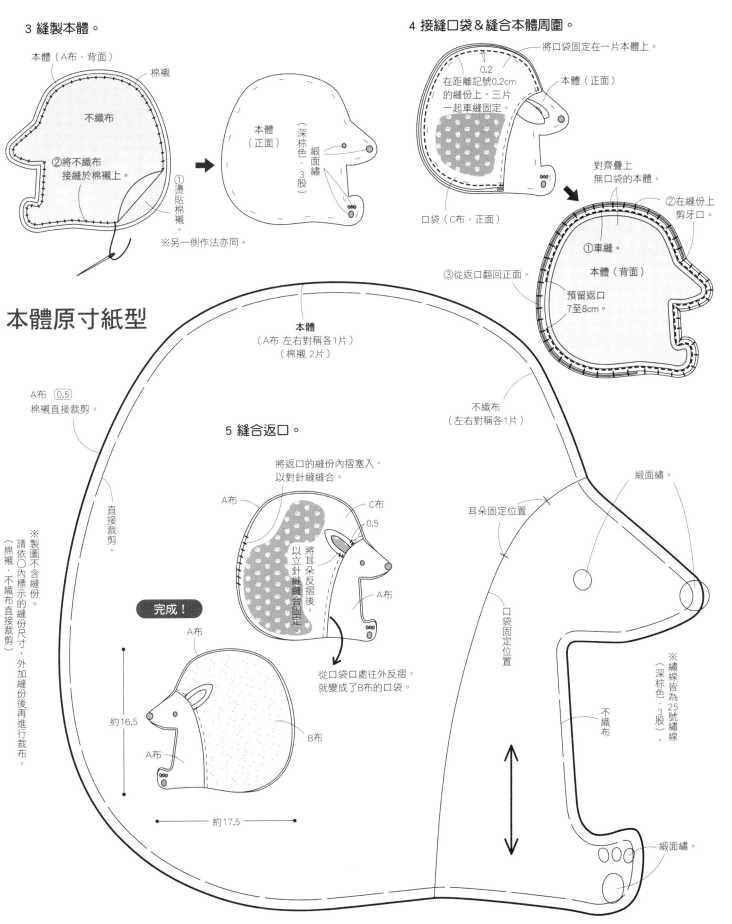

材料

A布（條紋棉布）…55cm寬40cm
B布（素色亞麻布）…105cm寬50cm
C布（印花亞麻布）…30cm寬40cm
D布（丹寧布）…55cm寬25cm
E布（印花棉布）…55cm寬15cm
斜紋織帶（2cm寬）…1m80cm

製圖

※製圖不含縫份。
請依○內標示的縫份尺寸，
外加縫份後再進行裁布。

綁繩（斜紋織帶 90cm）
0.6
0.2

腰帶（B布 1片）
中本體（A布 1片）
摺雙

右本體（B布 1片）
左本體（C布 1枚）

織帶穿通口 3cm（僅右側）
口袋口 7
口袋b（D布 1片）10
口袋a（E布 1片）11
摺雙
37
2.5
0.5
1
17
0.84
0.8
0.2
0.8
24
26
9

B布
A布
D布
E布

作法

1 縫製口袋。

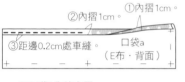

②內摺1cm。
①內摺1cm。
③距邊0.2cm處車縫。
口袋a（E布・背面）
※口袋b作法亦同。

2 接縫口袋。

口袋口
車縫
（D布・口袋b正面）
17　10　17
③車縫
進行車縫。
④在距縫份邊0.2cm的位置上
0.8　0.8　0.2
0.2
②車縫。
①兩片一起內摺縫份。
口袋a（正面）
本體中央（A布・正面）

3 拼縫左・右主體布。

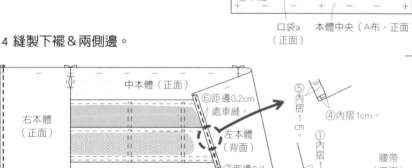

中本體（正面）
右本體（B布・背面）
預留織帶穿通口 3cm
②車縫。
③燙開縫份。
左本體（C布・背面）

織帶穿通口
中本體（背面）
距邊0.5cm處車縫
右本體（背面）

4 縫製下襬＆兩側邊。

中本體（正面）
右本體（正面）
⑥距邊0.2cm處車縫。
左本體（背面）
③距邊0.2cm處車縫。
⑤內摺1cm。
④內摺1cm。
①內摺1cm。
②內摺1cm。

5 縫上腰帶。

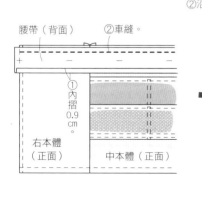

腰帶（背面）
②車縫。
①內摺0.9cm。
右本體（正面）
中本體（正面）

②沿著車縫線摺疊。
腰帶（背面）
③內摺1cm。
①翻至背面。
右本體（背面）

對摺。
腰帶（正面）
1.5
右本體（背面）
夾入斜紋織帶

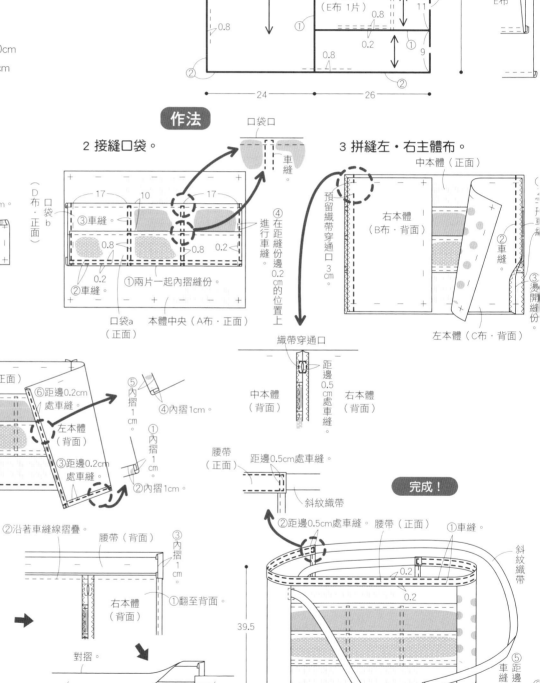

腰帶（正面）
距邊0.5cm處車縫。
②距邊0.5cm處車縫。
腰帶（正面）
①車縫。
斜紋織帶
0.2
0.2
39.5
斜紋織帶
車縫距邊0.2cm處
100
④內摺0.8cm。

完成！

46材料
A・C・E布（羊毛軟呢布）…各5cm寬15cm
B・D・F布（印花棉布）…各5cm寬15cm
G布（印花棉布）…10cm寬10cm

47材料
A・B・D・E・F布（印花棉布）…各5cm寬15cm
C・布（羊毛斜紋軟呢布）…5cm寬15cm
G布（印花棉布）…10cm寬10cm

48材料
A・B・C・D・E・F布（格子棉布）…30cm寬15cm
G布（印花棉布）…10cm寬10cm

共通材料（1件）
樹枝…約3.5cm
手縫線
手工藝棉花
白膠

本體
原寸紙型

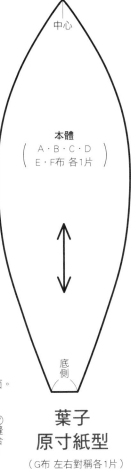

中心

本體
（ A・B・C・D
E・F布 各1片 ）

底側

葉子
原寸紙型
（G布 左右對稱各1片）

葉子

固定側

※原寸紙型不含縫份，
請外加0.5cm縫份後
再進行裁布。

作法

1 縫製本體。

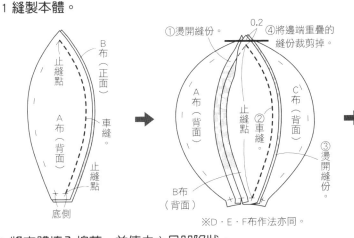

①燙開縫份。
0.2
④將邊端重疊的縫份裁剪掉。
止縫點
B布（正面）
A布（背面）
車縫。
止縫點
底側

②車縫。
止縫點
A布（背面）
B布（背面）
C布（背面）
③燙開縫份。
※D・E・F布作法亦同。

①將A・B・C布與D・E・F布縫合在一起。
②車縫。
D布（背面）
E布（背面）
F布（背面）
C布（正面）
止縫點
③燙開縫份。
A布（正面）
B布（正面）
④從底側翻回正面。

2 將本體填入棉花，並使中心呈凹陷狀。

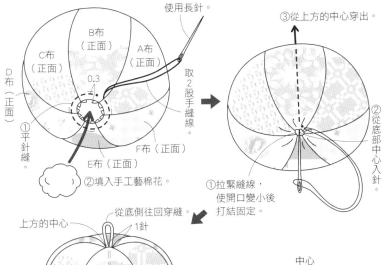

使用長針。
B布（正面）
A布（正面）
C布（正面）
取2股手縫線。
D布（正面）
0.3
F布（正面）
E布（正面）
①平針縫。
②填入手工藝棉花。

③從上方的中心穿出。
②從底部中心入針。
①拉緊縫線，使開口變小後打結固定。

從底側往回穿縫。
上方的中心
1針
用力拉線，使中心呈凹陷狀。

中心
約4
在底部＆上方的中心來回穿縫3次後，在底部打結固定。

3 縫製葉子。

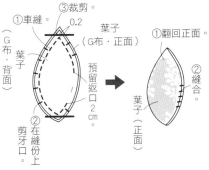

①車縫。
③裁剪。
0.2
葉子（G布・正面）
葉子（G布・背面）
預留返口2cm。
②在縫份上剪牙口。

①翻回正面。
②縫合。
葉子（正面）

4 加上葉子＆樹枝。

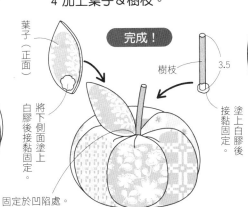

葉子（正面）
將下側面塗上白膠後接黏固定。
固定於凹陷處。

完成！

樹枝
3.5
塗上白膠後接黏固定。

約7.5

材料

A布（印花棉布）…15cm寬20cm
B布（印花棉布）…5cm寬20cm
C布（印花棉布）…10cm寬20cm
D布（羊毛斜紋軟呢布）…5cm寬20cm
E・F布（印花棉布）…各5cm寬20cm
G布（印花棉布）…20cm寬20cm
H布（素色棉布）…50cm寬50cm
I布（印花棉布）…40cm寬40cm
棉襯…20cm寬20cm
不織布（白色）…12cm×10cm
緞帶A（1.5cm寬）…15cm
緞帶B（1cm寬）…20cm
鈕釦（直徑2.5cm）…1個
壓釦（直徑0.6cm）…1組

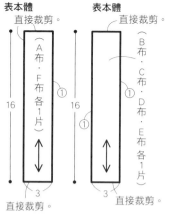

表本體 直接裁剪。
（A布・F布 各1片）
16
3
直接裁剪。

表本體 直接裁剪。
（B布・C布・D布・E布 各1片）
16
3
直接裁剪。

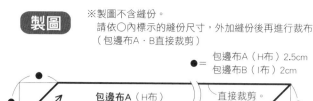

製圖

※製圖不含縫份。
請依○內標示的縫份尺寸，外加縫份後再進行裁布
（包邊布A・B直接裁剪）

● = 包邊布A（H布）2.5cm
包邊布B（I布）2cm

包邊布A（H布）
包邊布B（I布）
直接裁剪。

包邊布A 70cm・包邊布B 50cm

※裡本體・針插・剪刀匣・口袋參見原寸紙型。

作法

1 縫製剪刀匣＆口袋。

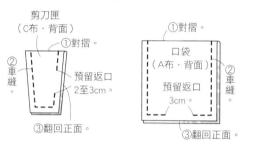

剪刀匣
（C布・背面）
①對摺。
②車縫。
預留返口 2至3cm。
③翻回正面。

①對摺。
口袋（A布・背面）
②車縫。
預留返口 3cm。
③翻回正面。

2 摺疊包邊布。

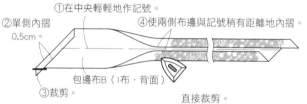

※包邊布A作法亦同。

①在中央輕輕地作記號。
②單側內摺 0.5cm。
④使兩側布邊與記號稍有距離地內摺。
包邊布B（I布・背面）
③裁剪。
直接裁剪。

3 製作針插。

包邊布B（I布・背面）
針插（不織布）正面
①重疊 0.5cm。
②剪去多餘的部分。
③沿著摺線車縫。
對齊邊緣。

（背面）
②立針縫。
①翻回正面。
包邊布B（正面）

4 接縫表本體。

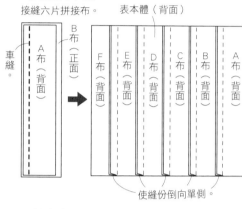

接縫六片拼接布。

車縫。
A布（背面）
B布（正面）

F布（背面）
E布（背面）
D布（背面）
C布（背面）
B布（背面）
A布（背面）
表本體（背面）

使縫份倒向單側。

5 將表本體・棉襯・裡本體 重疊在一起進行絎縫。

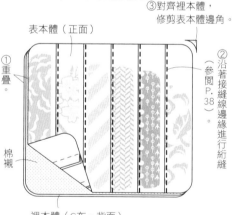

③對齊裡本體，修剪表本體邊角。
表本體（正面）
①重疊。
②沿著接縫線邊緣進行絎縫（參閱P.38）。
棉襯
裡本體（G布・背面）

6 沿著本體周圍進行包邊。

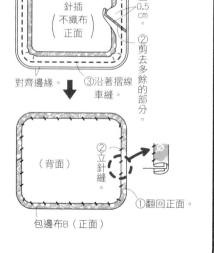

夾入長17cm的緞帶B。
包邊布A（H布・正面）
布端重疊0.5cm。
夾入長14cm的緞帶A。
②立針縫。
裡本體（正面）
①依包邊布B相同作法，以H布進行包邊。

針插

本體固定位置（半回針縫）

針插
原寸紙型

包邊布B（I布）

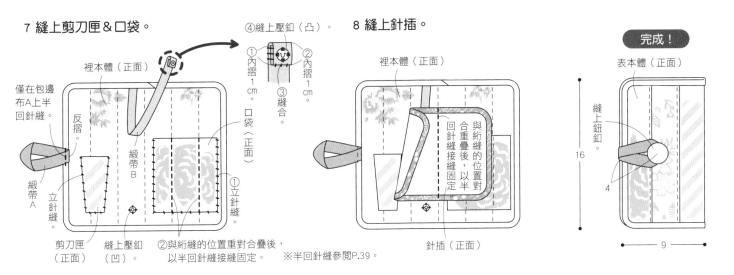

7 縫上剪刀匣&口袋。

裡本體（正面）

僅在包邊布A上半回針縫。

反摺。

緞帶A

立針縫。

剪刀匣（正面）

緞帶B

縫上壓釦（凹）。

口袋（正面）

①立針縫。

②與絎縫的位置重對合疊後，以半回針縫接縫固定。

※半回針縫參閱P.39。

④縫上壓釦（凸）。

①內摺1cm。

②內摺1cm。

③縫合。

8 縫上針插。

裡本體（正面）

與絎縫的位置對合重疊後，以半回針縫接縫固定

針插（正面）

完成！

表本體（正面）

縫上鈕釦。

16

4

9

裡本體・剪刀匣・口袋原寸紙型

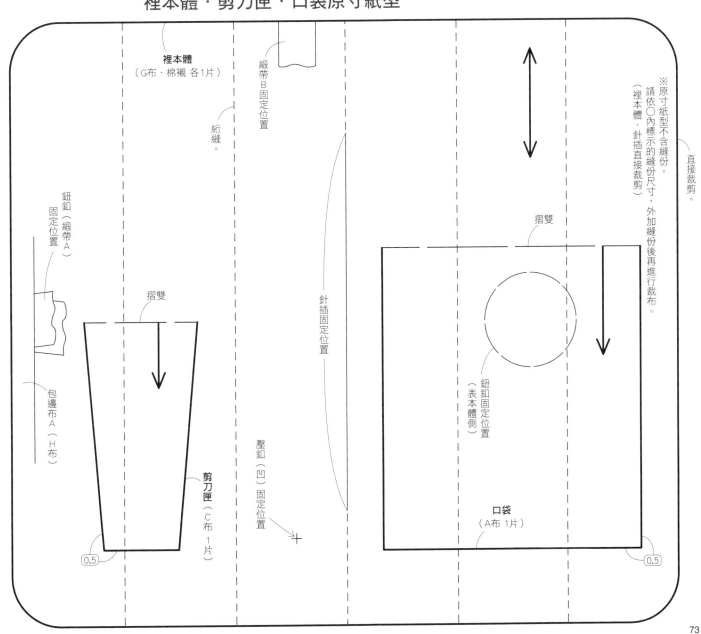

裡本體（G布・棉襯 各1片）

緞帶B固定位置

絎縫。

鈕釦（緞帶A）固定位置

包邊布A（H布）

摺雙

剪刀匣（C布1片）

0.5

針插固定位置

壓釦（凹）固定位置

摺雙

鈕釦固定位置（表本體側）

口袋（A布1片）

0.5

※原寸紙型不含縫份。請依〇內標示的縫份尺寸，外加縫份後再進行裁布。（裡本體・針插直接裁剪）

直接裁剪。

73

上段材料
表布（印花棉布）…40cm寬20cm
裡布（條紋棉布）…40cm寬20cm

中段材料
表布（點點棉布）…40cm寬20cm
裡布（素色亞麻布）…40cm寬20cm

下段材料
表布（素色亞麻布）…40cm寬20cm
裡布（條紋棉布）…40cm寬20cm

共通材料（上・中・下段）
棉襯…40cm寬60cm
斜紋織帶（2cm寬）…1m80cm
魔鬼氈（2cm寬）…30cm

製圖

※製圖・原寸紙型皆不包含縫份，
請外加1cm縫份後再進行裁布。

側面
（表布・裡布・棉襯 各1片）

20　8

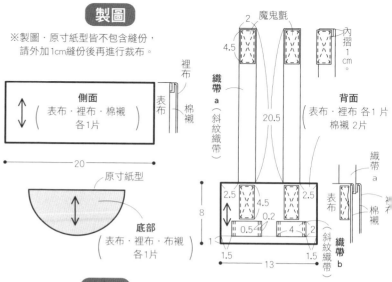

底部
（表布・裡布・布襯 各1片）

原寸紙型

織帶a（斜紋織帶）
魔鬼氈
2　4.5　20.5
背面
（表布・裡布 各1片 棉襯 2片）
2.5　4.5　2.5
0.2　0.5　4　2
8　1
1.5　13　1.5
織帶b（斜紋織帶）
內摺1cm

作法

1 將表底部＆表側面縫合在一起。

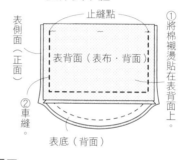

表側面（表布・正面）
表底部（表布・背面）
車縫
止線點

2 接縫表背面，製作表本體。

止縫點
表背面（表布・背面）
①將棉襯燙貼在表背面上。
②車縫。
表底（背面）
表側面（正面）

3 製作裡本體。

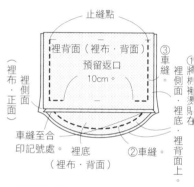

止縫點
裡背面（裡布・背面）
預留返口10cm。
③車縫
①將棉襯燙貼在裡背面上。
車縫至合印記號處。
裡底（裡布・背面）
②車縫。
裡側面（正面）

底部原寸紙型

4 處理縫份。

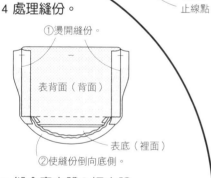

①燙開縫份。
表背面（背面）
表底（裡面）
②使縫份倒向底側。

5 縫合表本體＆裡本體。

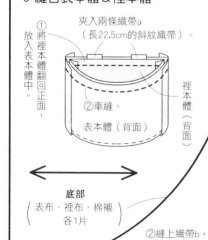

夾入兩條織帶a（長22.5cm的斜紋織帶）。
①將裡本體翻回正面，放入表本體中。
②車縫。
裡本體（背面）
表本體（背面）
②縫上織帶b。（長6cm的斜紋織帶）

底部
（表布・裡布・棉襯 各1片）

6 縫合返口。

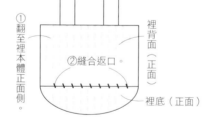

①翻至裡本體正面側。
裡背面（正面）
②縫合返口。
裡底（正面）

7 縫上織帶b＆魔鬼氈。

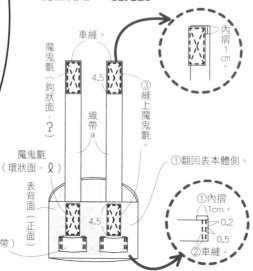

車縫。
魔鬼氈（鉤狀面・?）
4.5
織帶a
③縫上魔鬼氈。
內摺1cm。
魔鬼氈（環狀面・?）
①翻回表本體側。
表背面（正面）
4.5
①內摺1cm。
0.2　0.5
②車縫。

完成！

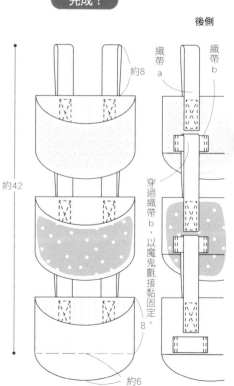

後側
約8
約42
約6
13
織帶a　織帶b
穿過織帶b，以魔鬼氈接著黏固定。

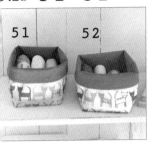

材料（1件）

A布（印花棉布）…30cm寬50cm
B布（素色棉布）…30cm寬50cm
布襯…60cm寬50cm

※製圖不含縫份，請外加1cm縫份後再進行裁布。

製圖

表袋布
（A布·布襯 各2片）

裡袋布
（B布·布襯 各1片）

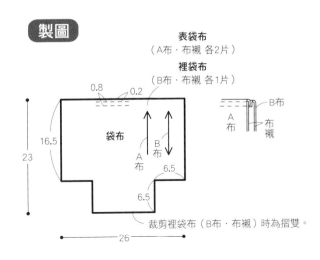

0.8　0.2

袋布

16.5

23

A布　B布

6.5

6.5

26

裁剪裡袋布（B布·布襯）時為摺雙。

作法

1 車縫表袋布脇線＆底部。

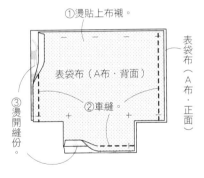

①燙貼上布襯。
表袋布（A布·背面）
表袋布（A布·正面）
②車縫。
③燙開縫份。

2 車縫裡袋布脇線。

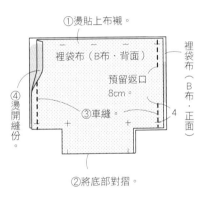

①燙貼上布襯。
裡袋布（B布·背面）
預留返口8cm。
③車縫。
④燙開縫份。
裡袋布（B布·正面）
4
②將底部對摺。

3 縫合側幅。

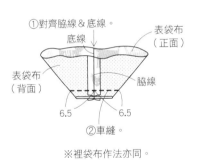

①對齊脇線＆底線。
底線
表袋布（正面）
表袋布（背面）
脇線
6.5　6.5
②車縫。

※裡袋布作法亦同。

4 縫製袋口。

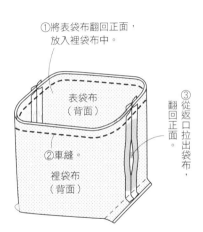

①將表袋布翻回正面，放入裡袋布中。
表袋布（背面）
②車縫。
裡袋布（背面）
③從返口拉出袋布，翻回正面。

5 車縫袋口＆縫合返口。

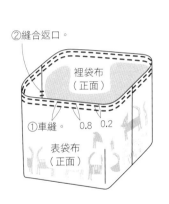

②縫合返口。
裡袋布（正面）
①車縫。　0.8　0.2
表袋布（正面）

完成！

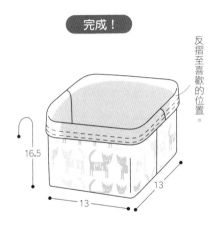

反摺至喜歡的位置。

16.5

13

13

※製圖不含縫份，A・B布請外加1cm縫份後再進行裁布
（棉襯・厚紙直接裁剪）

53材料
A布（印花棉布）…25cm寬25cm
B布（素色棉布）…25cm寬25cm

54の材料
A布（印花棉布）…25cm寬25cm
B布（格子棉布）…25cm寬25cm

55の材料
A布（印花棉布）…25cm寬25cm
B布（素色棉布）…25cm寬25cm

共通材料（1件）
棉襯…25cm寬25cm
彈性繩（粗0.2cm）…70cm
木珠（10mm）…4個
厚紙…20cm×20cm

製圖

繩圈（彈性繩）
2　5.5
4.5　4.5
4.5　5.5

本體
（A布・B布・棉襯
各1片）

22

22

A布
棉襯
B布
固定釦
厚紙

1.5
4.5　5.5
5.5

基底A（厚紙 4片）
12.3
3.8

基底B（厚紙 1片）
12.3
12.3

作法

1 製作4組繩圈＆固定鈕釦。

繩圈
①將長6cm的彈性繩對摺。
繩圈

固定釦
①穿過長10cm的彈性繩。
木珠
②打結
①拉緊固定。
2.5
②裁剪

2 將繩圈固定在B布上。

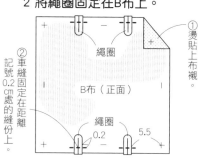

①燙貼上布襯。
②車縫固定在距離記號0.2cm處的縫份上。
繩圈
B布（正面）
0.2　5.5

3 縫合A布＆B布。

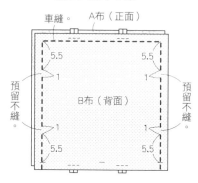

車縫。
A布（正面）
5.5　5.5
1　1
預留不縫。
B布（背面）
1　1
預留不縫。
5.5　5.5

4 縫上固定釦。

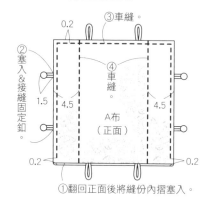

③車縫。
0.2
②塞入＆接縫固定釦。
④車縫。
A布（正面）
1.5　4.5　4.5
0.2　0.2
①翻回正面後將縫份內摺塞入。

5 放入上側的基底A後縫合。

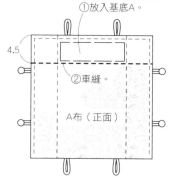

①放入基底A。
4.5
②車縫。
A布（正面）

6 放入中央的基底A・B後縫合。

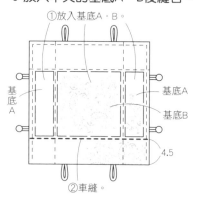

①放入基底A・B。
基底A
基底A
基底A
基底B
4.5
②車縫。

7 放入下側的基底A後縫合。

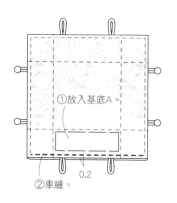

①放入基底A。
0.2
②車縫。

完成！

將繩圈套在固定釦上。
4.5
13　13

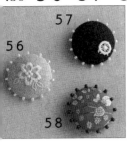

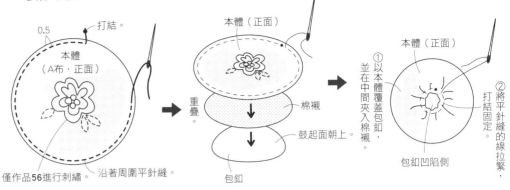

作法

1 製作本體。

0.5
打結。
本體（A布・正面）
僅作品56進行刺繡。
沿著周圍平針縫。

本體（正面）
重疊。
棉襯
鼓起面朝上。
包釦

①以本體覆蓋包釦，並在中間夾入棉襯。
本體（正面）
②將平針縫的線拉緊，打結固定。
包釦凹陷側

56材料

布（素色亞麻布）…10cm寬10cm
布（印花棉布）…10cm寬10cm
大串珠…15個
5號繡線（白色）

57材料

布（素色亞麻布）…10cm寬10cm
布（印花棉布）…10cm寬10cm
大串珠…15個
蕾絲花片（直徑1.7cm）…1個
白膠

58材料

布（印花棉布）…10cm寬10cm
布（素色亞麻布）…10cm寬10cm
木珠（3mm）…15個

共通材料（1件）

棉襯…5cm寬5cm
包釦（直徑4cm）…1個
厚紙板…5cm×5cm
別針（2cm）…1個

2 縫上串珠。

本體（正面）
將串珠縫合固定於邊緣處。

縫上串珠的方法

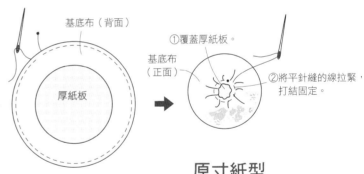

1出
3出
2入
3出
5出
4入

剖面圖
布

3 製作基底。

0.5
別針
①手縫固定。
基底布（B布・正面）
②平針縫。

基底布（背面）
厚紙板

①覆蓋厚紙板。
基底布（正面）
②將平針縫的線拉緊，打結固定。

4 接縫本體&基底。

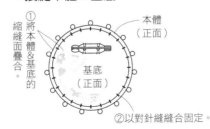

①將本體&基底的縮縫面疊合。
本體（正面）
基底（正面）
②以對針縫縫合固定。

原寸紙型

※繡線皆為25號繡線。（白色・2股）

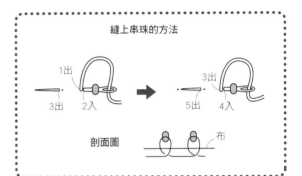

本體（A布 1片）
基底（B布 1片）
（厚紙板 1片）
別針固定位置
長短針繡。
緞面繡。
串珠固定位置
（棉襯 1片）
回針繡
※全部直接裁剪。

完成！

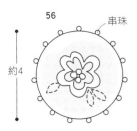

56
串珠
約4

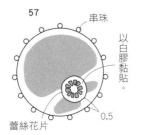

57
串珠
以白膠黏貼。
0.5
蕾絲花片

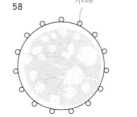

58
木珠

共通材料（1件）
A布（素色亞麻布）…10cm寬10cm
B布（印花棉布）…5cm寬5cm
棉襯…10cm寬5cm
厚紙板…10cm×10cm
別針（2cm）…1個
25號繡線（深棕色）
白膠

1 接縫翅膀＆進行刺繡。

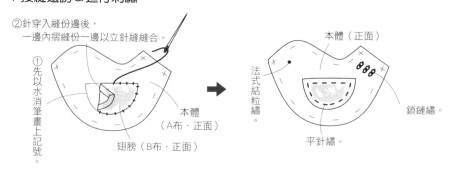

②針穿入縫份邊後，一邊內摺縫份一邊以立針縫縫合。
①先以水消筆畫上記號。
翅膀（B布・正面）
本體（A布・正面）
本體（正面）
法式結粒繡。
鎖鏈繡。
平針繡。

2 製作本體。

①在曲線處的縫份上剪牙口。
本體（正面）
棉襯
厚紙板
②重疊。
①塗上白膠。
②將上側的縫份內摺後貼合。
厚紙板
本體（背面）
棉襯

①塗上白膠。
②將縫份內摺後貼合。
本體（背面）
厚紙板
③塗上白膠。
④將縫份內摺後貼合。

3 製作基底。

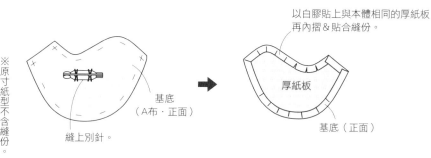

縫上別針。
基底（A布・正面）

以白膠貼上與本體相同的厚紙板再內摺＆貼合縫份。
厚紙板
基底（正面）

原寸紙型

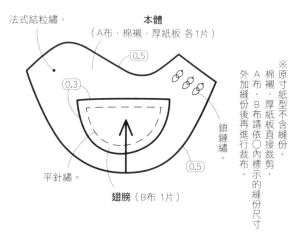

法式結粒繡。
本體
（A布・棉襯・厚紙板 各1片）
(0.5)
(0.3)
(0.5)
(0.5)
平針繡。
翅膀（B布 1片）
鎖鏈繡。

※原寸紙型不含縫份。棉襯・厚紙板直接裁剪，A布・B布請依依○內標示的縫份尺寸，外加縫份後再進行裁布。

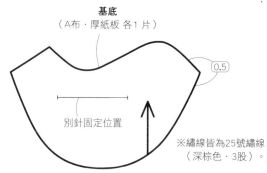

基底
（A布・厚紙板 各1片）
(0.5)
別針固定位置
※繡線皆為25號繡線（深棕色・3股）。

4 黏合本體＆基底。

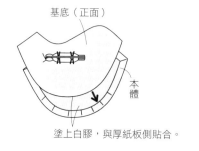

基底（正面）
本體
塗上白膠，與厚紙板側貼合。

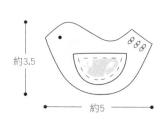

約3.5
約5

62
63

共通材料（1件）
A布（薄印花棉布）…5cm寬10cm
B布（薄素色棉布）…15cm寬10cm
串珠…24個
附別針網片台座（直徑4cm）…1個

作法

1 製作花瓣。

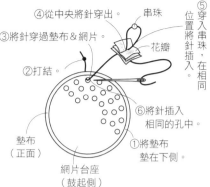

1出
花瓣
2入
A布（正面）
B布（正面）
打結

① 拉緊線，輕輕摺疊。
② 在內側打結。

※製作24組。

2 將花瓣固定於網片上。

④ 從中央將針穿出。
③ 將針穿過墊布＆網片。
② 打結。
串珠
花瓣
⑤ 穿入串珠，在相同位置將針插入。
⑥ 將針插入相同的孔中。
① 將墊布墊在下側。
墊布（正面）
網片台座（鼓起側）

※疊合墊布＆網片後，從外側往內側（依○・●・★・×的順序）縫上花瓣。

3 裝接網片台座。

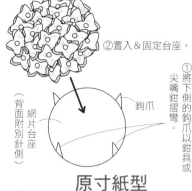

② 置入＆固定台座。
網片台座（背面附別針側）
① 將下側的鉤爪以鉗具或尖嘴鉗摺彎。
鉤爪

完成！

避開花瓣的部分，將上側的鉤爪彎摺固定。

約4.5

原寸紙型

第2圈
第3圈
第1圈
×
×
第4圈

花瓣
A布 24片
B布 48片
直接裁剪

墊布（B布 1片）

1出
2入

64
65

共通材料（1件）
花用布（印花棉布・格子棉布等）…各3cm寬3cm 17片
葉子布（印花棉布）…20cm寬10cm
雙膠布襯…10cm寬10cm
附別針網片台座（甜甜圈型 直徑3.8cm）…1個
手工藝棉花

製圖

葉子布 直接裁剪。
10
20

雙膠布襯
10
10
直接裁剪。

作法

1 依葉子紙型直接裁剪。

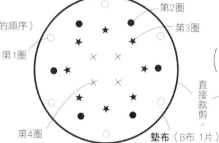

雙膠布襯
葉子布（背面）
② 夾住雙膠布襯，以熨斗熨燙貼合。
（正面）
① 對摺

剪下28片葉子。
葉子布（正面）

2 製作花朵＆縫於網片上。

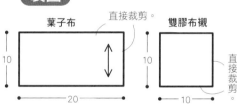

花（正面）
① 打結。
② 周圍平針縫。
0.3

② 填入手工藝棉花。※製作17個。
① 將線拉緊，使體積縮小。
花（正面）

① 將線拉緊，縮小體積。
② 打結。
花（正面）
約0.8

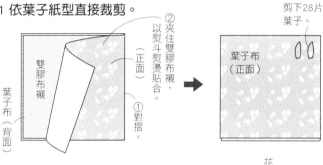

花
打結。
花
網片台座
從別的孔洞將針穿出＆縫合固定，再於不明顯處打結固定。

網片台座（鼓起側）

3 將葉片縫於網片上。

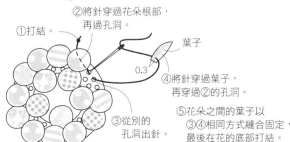

② 將針穿過花朵根部，再過孔洞。
① 打結。
葉子
0.3
③ 從別的孔洞出針。
④ 將針穿過葉子，再穿過②的孔洞。
⑤ 花朵之間的葉子以③④相同方式縫合固定，最後在花的底部打結。

完成！

約4

以62·63相同作法將鉤爪摺彎，固定網片。

原寸紙型

花（17片）

葉子（28片）
直接裁剪

P.32 **66・67・68**

共通材料（1件）
表布（素色棉布）…10cm寬10cm
小串珠…11個
別針（2cm）…1個
手工藝棉花
手縫線（30號）

作法

1 縫製YOYO拼布，並在中間填入棉花。

0.5
打結。
本體（正面）
平針縫
手縫線（30號）2股

手工藝棉花
本體（正面）
將線拉緊，慢慢地收縮體積。

本體（正面）
以錐子將手工藝棉花壓至深處，確實填滿。

後側
①用力地拉緊線＆打結固定（不要把線剪斷）。
約4

2 將線穿縫於中心＆拉緊，作出花形。

側視圖

前側
往中心穿出。
後側
打結。
約1.2

本體（正面）
中心
①從後側（縮縫側）將針穿入，再從前側中心將針穿出。
②將線拉緊。

使之凹陷。
中心
「從後側入針，再從前側中心將針穿出」依此作法反覆地以十字的方式進行穿縫。

④ ① ② ③

從中心將針穿入，再於後側打結固定。

依①至④的順序穿縫，分作八等分。

3 縫上別針。

別針
後側
縫合固定。

完成！

約4
於中心處縫上11個串珠。

P.32 **69・70・71**

共通材料（1件）
A布（**69**格子綿布 **70・71**素色棉布）…10cm寬10cm
B布（**69・71**素色棉布 **70**格子棉被）…15cm寬15cm
金屬線（22號）…10cm
別針（2cm）…1個
手工藝棉花
繡線（MOKO・淡綠色）
手線線（30號）

作法

1 以作品66・67・68相同的作法，填入棉花＆以十字的方式穿縫，作出花形。

2 以繡線分作八等分。

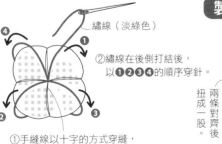

④ ① ② ③
繡線（淡綠色）
②繡線在後側打結後，以①②③④的順序穿針。
①手縫線以十字的方式穿縫，最後在後側打結固定（同作品66至68）。

3 製作莖。

製圖
斜裁布條（B布）
1
20
直接裁剪

長5cm的金屬線
兩條扭成一股
①將金屬線塗上白膠。
斜裁布條
斜裁布條（正面）
以每圈重疊一半的方式進行捲覆。
剪去多餘的部分。
②將邊端包覆住。

66至71 原寸紙型

中心

本體
66・67・68（表布 各1片）
69・70・71（A布 各1片）

直接裁剪

4 縫上別針＆莖。

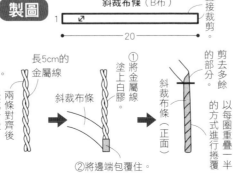

後側
別針
縫合固定。
莖
依喜好彎曲。
約4

完成！

80

玩創意

自己動手作可愛又實用的
71款生活感布小物

作　　　　者／BOUTIQUE-SHA
譯　　　　者／童蕙伶
社　　　　長／詹慶和
總　編　　輯／蔡麗玲
執　行　編　輯／陳姿伶
編　　　　輯／蔡毓玲・劉蕙寧・黃璟安・李佳穎・李宛真
執　行　美　編／韓欣恬
美　術　編　輯／陳麗娜・周盈汝
內　頁　排　版／造極
出　　版　　者／Elegant-Boutique新手作
發　　行　　者／悅智文化事業有限公司
郵　政　劃　撥　帳　號／19452608
戶　　　　名／悅智文化事業有限公司
地　　　　址／220新北市板橋區板新路206號3樓
電　　　　話／(02)8952-4078
傳　　　　真／(02)8952-4084
網　　　　址／www.elegantbooks.com.tw
電　子　信　箱／elegant.books@msa.hinet.net

2018年1月初版一刷　定價280元

Lady Boutique Series No.4378
HAGIRE DE TSUKURU CHISANA NUNO KOMONO
© 2017 Boutique-sha, Inc.
All rights reserved.
Original Japanese edition published in Japan by BOUTIQUE-SHA.
Chinese (in complex character) translation rights arranged with BOUTIQUE-SHA.
through KEIO CULTURAL ENTERPRISE CO., LTD.

經銷／易可數位行銷股份有限公司
地址／新北市新店區寶橋路235巷6弄3號5樓
電話／(02)8911-0825　傳真／(02)8911-0801

國家圖書館出版品預行編目(CIP)資料

玩創意！自己動手作可愛又實用的71款生活感布小物 /
童蕙伶譯.
-- 初版. -- 新北市：新手作出版：悅智文化發行,
2018.01
　　面；　公分. -- (輕布作；41)

ISBN 978-986-95289-9-3(平裝)

1.拼布藝術 2.手工藝

426.7　　　　　　　　　　　　　　　106023694

Staff

責任編輯／和田尚子　石鄉美也子
作法校閱／三城洋子
攝影／安田仁志
書籍設計／たけだけいこ（オフィスケイ）
插畫／たけうちみわ（trifle-biz）

版權所有・翻印必究
※本書作品禁止任何商業營利用途
　（店售・網路販售等）＆刊載，
　請單純享受個人的手作樂趣。
※本書如有缺頁，請寄回本公司更換。